自制美味西餐88款

[日]大宫胜雄◎著
高　青◎译

中国民族摄影艺术出版社

前言

大家好！我在日本浅草经营着一家西餐厅，已经有30年之久。请问大家，当提到西餐的时候，在大家的脑海中会出现什么样的料理呢？

汉堡包、油炸丸子、蛋包饭、咖喱……

从儿时就已经习惯了的料理你也能列举出很多吧。

那么，大家有没有想过，这些料理为什么会被称作“西餐”呢？

以我的理解，西餐是可以与白色米饭相搭配的料理。

西餐让我们体会到异国的风情，但是仅仅只有这些是不够的。

西餐出现在我们生活里的时间并不久，最开始时食材并不是非常完备，为了接近西餐原有的风味，前辈们绞尽了脑汁。

随着时代的发展，各种食材已经可以随时随地找到，但正是因为和正宗西

餐之间有着细微的差别，才一直备受人们关注！

普通的食材、极好的口感才是正宗西餐的绝妙之处！

对于料理来说，没有“最棒的口味”等终极目标。

人们也常常会为了追求自己想要的味道而做出一些不合理的尝试。

因此，不要一味地按照烹调法上的做法去制作自己不喜欢的味道，一定要适当调整调味料的用量和用法，做出自己最喜欢的口味。

做出自己喜欢的口味才是制作料理的宗旨！

大宫餐厅·大宫胜雄

目录

前言…… 2

西餐的基本教程…… 6

本书的用法…… 10

第一章
大宫主厨推荐的人气汉堡包之四大改进

汉堡包牛排…… 15

焖煮汉堡包…… 17

美洲风味的汉堡包牛排…… 19

汉堡包猪排…… 21

奶酪汉堡包牛排…… 22

番茄酱炖肉丸子…… 23

苏格兰煎蛋…… 25

大宫主厨的亲传

适合成年人的“儿童套餐”…… 26

第二章
白汁沙司、高级沙司、番茄沙司三种沙司制作的招牌料理

白汁沙司…… 28

奶汁焗意大利通心粉…… 30

土豆菲诺卡瓦…… 32

奶汁焗扇贝…… 33

大虾鱼贝鸡米饭…… 35

蟹子奶油炸肉饼…… 37

奶油炖菜…… 39

玉米浓汤…… 40

  胡萝卜浓汤 …… 41

  青豌豆浓汤 …… 41

  南瓜浓汤 …… 41

蛤肉杂拌…… 42

高级沙司…… 44

炖肉丸子…… 47

炖牛肉…… 48

肉丁葱头番茄盖浇饭…… 50

施特罗加诺夫牛肉…… 51

原汁煨猪肉…… 52

番茄沙司…… 54

番茄炖鸡肉…… 57

那不勒斯式意大利面…… 58

鸡肉炒饭…… 61

鸡蛋砂锅…… 62

比萨烤面包片…… 63

大宫主厨的亲传

方块肉上风筝线的捆绑技巧…… 64

第三章
煎、炸、炖 超人气菜品的烹制教程

煎…… 66

姜汁煎猪肉…… 68

煎鸡肉…… 70

煎牛排…… 72

嫩煎小猪肉片…… 74

面拖鲑鱼…… 77

面拖牙鲆…… 78

白葡萄酒蒸鲈鱼…… 79

纯煎蛋饼…… 80

  蘑菇煎蛋卷 …… 82

  番茄沙司煎蛋卷 …… 82

蒸蛋…… 83
火腿鸡蛋…… 84
熏肉蛋…… 85
牛肉糕…… 86
烤鸡…… 88
烤牛肉…… 92
炸…… 94
煎薯饼…… 96
炸肉饼…… 98
油炸面拖牡蛎…… 100
油炸面拖大虾、油炸面拖贝壳烤盘菜…… 102
干炸鸡…… 104
炸薯片…… 106
干炸薯条…… 107
炖…… 108
阿尔萨斯浓味蔬菜炖肉…… 110
卷心菜卷…… 112
大宫主厨的亲传
用烤鸡骨头做简单的清汤…… 114

第四章
配菜也要有主厨的味道 沙拉与浓汤

混搭沙拉…… 116
土豆沙拉…… 118
恺撒沙拉 …… 120
凉拌卷心菜 …… 121
通心粉沙拉 …… 122
阿尔萨斯沙拉 …… 123
法式洋葱汤…… 124
土豆冷制奶油汤…… 126
土豆料理的配菜…… 128
土豆蛋黄酱 …… 128
土豆泥 …… 129
烤土豆 …… 129
土豆团子 …… 130

第五章
一块铁板带来的极大满足感 咖喱饭、意大利面、米饭、面包

家常传统咖喱饭…… 132
大宫风味正宗咖喱牛肉…… 135
咖喱鱼贝鸡米饭…… 137
肉泥咖喱…… 138
咖喱炒饭…… 139
肉糜沙司意大利面…… 140
肉糜土豆泥…… 142
盖浇面…… 143
蛋包饭…… 144
蟹子菜肉烩饭…… 146
鸡蛋三明治…… 148
俱乐部三明治 …… 150
混合三明治 …… 151
炸肉排三明治 …… 152
木桶三明治 …… 153
沙司面包…… 154
沙司煎蛋面包…… 155
法式吐司…… 156
黄油米饭…… 158

第六章
饭后尽情享用的甜点 一起来尝试西餐厅的三大甜点吧

西餐厅里的蛋奶冻布丁…… 161
橙汁巴伐利亚奶油糕点…… 162
裱花蛋糕…… 165
香蕉蛋糕…… 167
料理说明…… 168
大宫主厨派
基本食材的活用方法大全…… 170
常备的三种便利厨具…… 172
香草与香料图鉴…… 174

西餐的基本教程

大宫主厨所做的西餐非常简单，不需要繁琐、高难度的技巧以及大量的工具。但是，这些西餐需要一些必要的小技巧以及烹制出美味的主厨绝技。为了做出美味可口的料理，一定要掌握这些技巧！

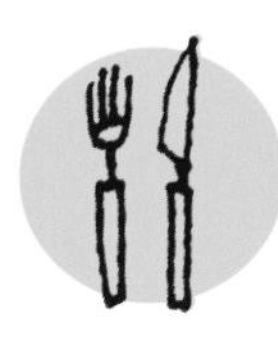

食材的美味来源于“汤汁”

汤汁可以加强料理的美味度，让食物更加可口。但是，本书所介绍的绝大部分料理都不使用汤汁，而是把食材本身的美味和鲜味调动出来，所以不需要特别准备汤汁。肉类和蔬菜有各自不同的鲜味，最大限度地把其中的美味调动出来，即使不添加汤汁，料理也会非常美味。牛奶中也有香味，加热后可以调动出其甜味和浓香。

如果有富有牛奶的甘甜以及浓香的白汁沙司，法式菜汤和奶油炖菜中也不需要加汤汁。

咖喱也可以把肉类和蔬菜中的鲜味提出来。因为是用水煮，所以香料的香味可以直接被提出来。

蒸煮，可以让食材中的水分完全出来，成为汤汁，只需加入少量的红酒和水就可成为绝佳美味！

洋葱是一切美味的源泉

洋葱是甜味、美味、香味的宝藏，是西餐中必不可少的食材。洋葱炒制之后的甜味和美味会大幅度提高，可以很大程度地提升料理的鲜香程度，可谓是无名英雄。

在把洋葱切成细碎末的时候，最好用比较锋利的刀。如果破坏了其中的纤维，水分就会流失，使鲜味大打折扣。切成细碎末可以缩短炒制的时间。根据料理或者使用方法的不同， 适当变化炒制的状态是使用洋葱的一大要点。

切细碎末的基本要领

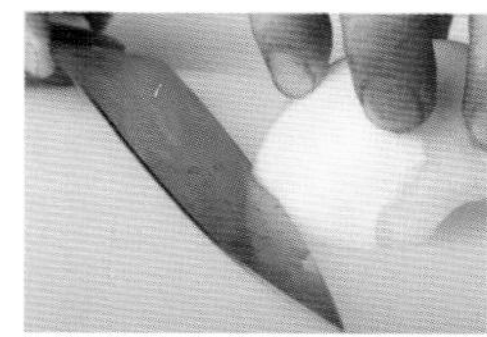

① 洋葱去皮，纵向切成两半，然后把刀水平放置，从圆弧形一端开始浅浅地切成两段。

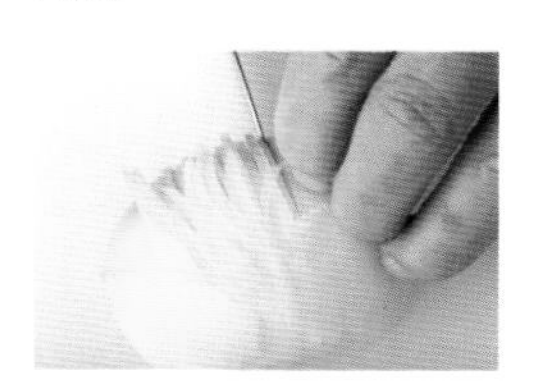

② 靠近芯的部分不要切断，让其连接在一起，顺着纤维的方向尽量切得薄一点。如果全部切断，之后切细末的过程会比较难操作。

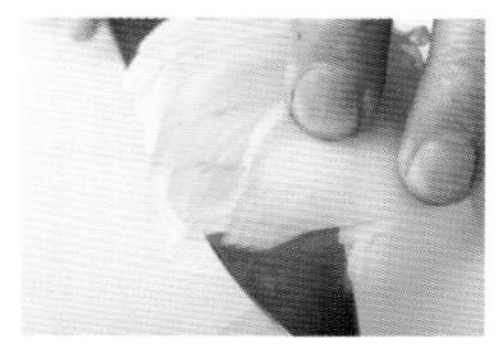

③ 用左手按着洋葱，不要让其散开，然后把刀平放，从一边在不同的位置切两刀。

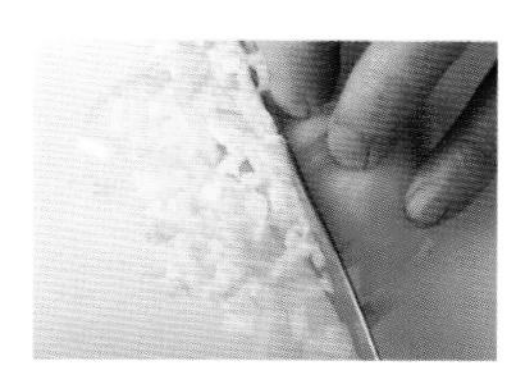

④ 沿着一端开始切细碎末。

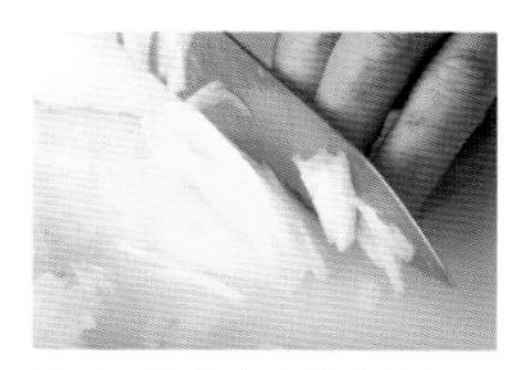

⑤ 接近芯的部分要单独切。

⑥ 把切碎的洋葱收集起来，用左手固定刀的前端，然后上下移动刀柄，这样洋葱会切得更细更均匀。

炒制方法

按照1个洋葱加2大勺油的标准炒制。把油均匀的沾在平底锅的锅底上，一般用木铲子翻炒。沾在平底锅边缘的那些炒焦了的洋葱末也非常有香味和甜味，因此要仔细刮下来，和整个锅里的洋葱混合在一起。

炒制过程中的四大变化

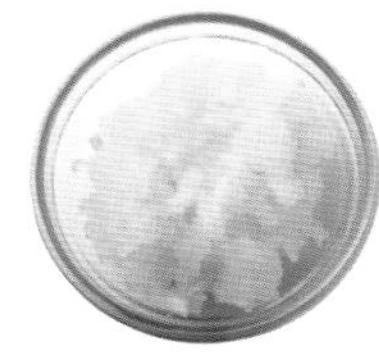

生

可以充分感觉到洋葱的香味和口感。适用于做炸肉饼、卷心菜卷。

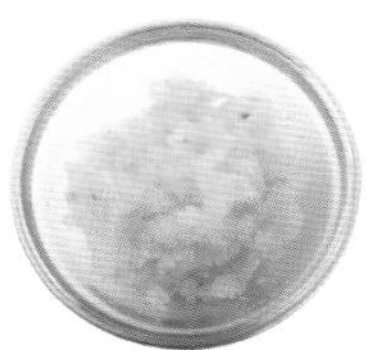

透明

让油全部浸入到洋葱里面，整个洋葱呈现透明的状态，注意不要炒焦。可用于奶汁烤干酪烙菜或者白汁沙司系列的菜品。

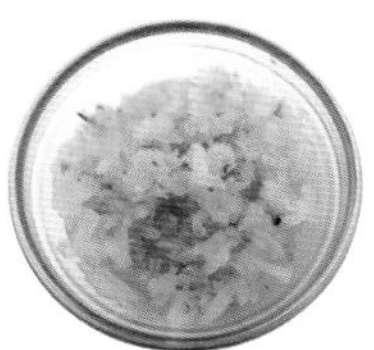

淡茶色

既不会影响菜品的颜色，同时还可以给料理添加一点甜味。可以用于制作汉堡包等。

红糖色

大约需要用小火炒制40分钟，这样可以最大程度地把其中的甜味提出来。像制作奶汁烤干酪烙菜、洋葱浓汤等需要用洋葱来重点突出甜味的菜品时，最适合用炒成红糖色的洋葱末了。

把多余的面粉拍打掉

在煎鸡肉、猪肉以及鱼肉的时候，会在上面撒一层全麦粉，使表面形成一层薄薄的面粉膜。在煎制的过程中，这层面粉膜可以锁住水分，水分在里面可以到达蒸煎的状态，即使火力没有完全达到，利用余温也可以把肉煎得更加柔软可口，香气四溢。如果面粉太厚，虽然可以显得比较厚实，但却会影响到食材的味道，而且比较容易脱落。可以用手充分拍打，让面粉膜更加薄一些，并且让面粉膜完全覆盖整个食材表面。

用手充分拍打鸡肉，让其沾满薄薄的面粉膜。快速煎制完成后可加水稍微煮几分钟，可以使肉更加柔软，而且多汁又美味！

如果煮肉丸子时先涂上面粉再炸，外表会变硬，在煮制的过程中，肉丸里面的香味也不会流失，汤汁还可以作为调味汁勾芡。

事前调味的食用盐是关键

1小撮食用盐大约是1~2g。在平底锅上面旋转着搓动手指，把盐一点点地撒在食材上面。

每种食材都有自己的味道，但是单凭烹制是不会把其中的香味提出来的。为了把每一种食材都烹制得美味可口，就需要在炒制的食材上撒些盐。这些盐不仅仅是用来调味的，同时也发挥了勾出食材香味的作用。放盐之后，会让食材适当脱水，可以提高食材的甜味，这就是所谓的事前调味。不管调味汁如何美味，如果没有进行事前调味，是不会做出可口的料理的。

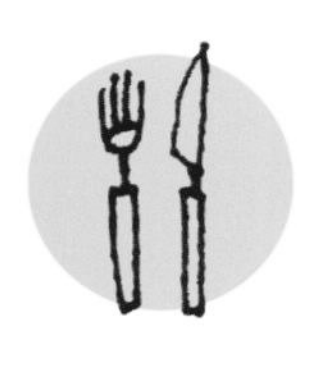

料理的著名配角——干面包粉

说起面包粉面衣，大家是不是会想到油炸面拖大虾上面坚硬且凹凸不平的面衣呢？大宫主厨所用的面包粉和这些完全不同，颗粒非常细小，而且非常干爽，是一种对于任何料理都很适用的干爽面包粉。虽说如此，但是面包粉毕竟是配角，并不会抢了主菜的口味，也不会比主菜更加突出。此外，如果是颗粒非常细小的面包粉，在装饰主菜的时候可以撒得非常薄，而且非常均匀。在加热的时候可以锁住食材中的水分（香味），而且在煎制的过程中可以达到蒸煎的效果，入口时也不会让你感到有过多的面包粉存在，只会让你享受到食材的美味与鲜香。可以为奶汁烤干酪焗菜以及鱼贝鸡米饭等做装点，还可以吸收汉堡包里面肉片的香味。如果没有特别的忌讳，可以在很多料理中使用面包粉，是美味西餐的背后英雄。

奶汁烤干酪焗菜或者鱼贝鸡米饭中的奶酪已经黏黏地全部融化了，如果再放入面包粉烤制，口感会更加突出，且又脆又硬。

因为颗粒非常细小，所以褶子里面也可以完全撒进去，让食材表面有一层均匀的薄面衣。味道均衡，可以突出食材的美味。

在汉堡包中加入的面包粉并不是要起到粘结的作用，而是要吸收从肉片中散发出来的香味。添加面包粉时要尽可能地控制用量。

制作方法

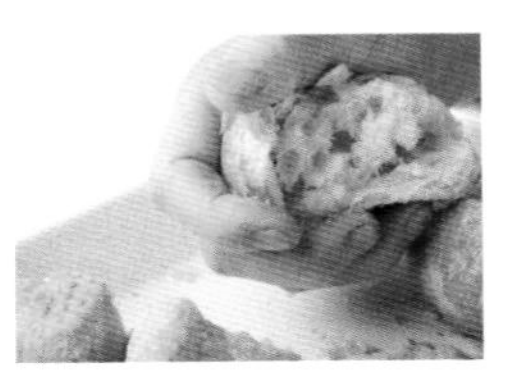

① 只要是干燥变硬的面包即可，最好选用不含糖分的面包。大宫主厨使用的是自己餐厅里制作的法式面包。如果没有充分干燥，可以放在烤箱中稍微烤一下，让其变硬。

② 如果有多功能搅拌机，可以把撕碎的面包放在搅拌机附带的带盖儿容器中，然后用力一次性打碎（如上图）。也可以用孔比较细的擦菜板擦碎（如下图），然后用细孔的竹篓筛一下。

制作完成！

颗粒小的面包粉没有酵母粉的味道，非常醇香

如果储存在密闭容器中放置在冰箱冷藏室，可以保存1个月左右；如果放在冰箱冷冻室，可以保存半年；如果潮湿了，可以放在平底锅中烤一下，使其恢复干爽。夏天保存的时候要注意防止发霉。

本书的用法

为了做出更加美味的菜品，在此为您讲解本书烹调法的使用方法。

制作方法

●黄色标注的部分是制作方法里的重点。如果能够把握住这些重点，就离美味料理更进了一步！

●烤箱、微波炉都有各自的使用弊端。温度、时间等需要按情况进行适当调整。

材料表说明

黄油一般用在不添加食用盐的料理中。如果是添加在有使用盐的菜品中，一定要减少食用盐的用量。

●最好用餐厅里常用的不添加食用盐的清汤。如果需要用市面上买的清汤，可以用没有添加食用盐的类清汤或者减少菜品中食用盐的添加量。

●番茄汁一般用在不添加食用盐的料理中，生奶油一般使用脂肪含量在45%左右的品种。

●1杯的量大约是200ml，1大勺的量大约是15ml，1小勺的量大约是5ml。

●净重指的是将料理中所有不需要的部分（多余的皮和油）全部去掉之后的重量。

●材料表中所说的胡椒指的是白胡椒，需要用黑胡椒时会特殊表明。

材料（4人份）

材料	用量
鸡腿肉	500g（2根）
洋葱・胡萝卜	各150g
花茎甘蓝	1/2个
橄榄（黑色带种）	12个
A 番茄沙司（P54）	2杯
A 水	1½杯
全麦粉	适量
色拉油	1/4杯
食用盐、白胡椒粉	适量

主厨建议

为了把蔬菜中的香味全部勾出来，一定要充分炒制。在鸡肉上撒上薄薄的一层全麦粉，然后用足量的油炸制，这样炸出来的鸡肉会非常柔软。轻轻煮制之后，蔬菜和鸡肉的香味会全部浸入沙司里面，注意不要让火候太大。如果火力过大，鸡肉会变得很硬，沙司也会有异味出现。

番茄炖鸡肉

用番茄沙司把主食材鸡肉轻轻煮制一下，这样味道会非常清爽。虽说只是简单地把食材稍微炖一下，然后和沙司混合在一起，但如果有番茄沙司，可以很快制作完成，而且鸡肉也会非常鲜嫩柔软。

1 把洋葱切成梳子形，把胡萝卜切成5mm薄的扇形，把每一根鸡腿肉切成4段。把花茎甘蓝摘成小段，并加食用盐用水焯一下。

2 在鸡肉上撒上食用盐、白胡椒粉，并沾上全麦粉。把多余的全麦粉全部拍打掉，只留下薄薄的一层。

3 色拉油放入厚底锅中加热，把步骤2处理好的食材用大火煎炸。

4 当表面炸制酥硬之后，在上色之前取出来。

5 把洋葱和胡萝卜加到同一个锅中，然后炒到鸡肉变软为止，加入1/2小勺食用盐和白胡椒粉。

6 把步骤4取出来的鸡肉再重新放入锅中，加入材料A和橄榄，盖好锅盖，待沸腾之后改用小火，煮制大约15分钟。加入食用盐和白胡椒粉调味，盛在盘子里，把步骤1处理好的花茎甘蓝加进去。

57

菜品装盘

●图中做好的料理是1~2人份的装盘实例。有时候会和材料表中所示的量不同。

●当盛装温热的菜品时，一定要事先把容器加热至适温。

美味诀窍

●烹调的意义以及需要提前了解的重要事项主厨都会传达给您。提前掌握料理的重点，让做出的料理更加可口、诱人！

第一章

大宫主厨推荐的

人气汉堡包之四大改进

最受大家欢迎的西餐是汉堡包。大宫主厨教给大家汉堡包的美味烹制技巧以及四种不同的烹调模式。

美味汉堡包的三大制作步骤

1 注意手的温度！肉要一边冷却一边搅拌

如果肉泥中的脂肪溶解出来，肉的鲜味便会随之流失，因此，要边搅拌肉泥边做冷却处理。在制作汉堡包时，有很多需要用手进行烹调的步骤，但是如果温度达到30℃，肉就会发热，所以一定不要用手去搅拌肉泥。给肉泥成形的时候，应该在菜板上用刀将其平摊开，不要用手去触摸肉泥。

2 肉泥要粘连在一起！搅拌至肉和肉之间有轻微的粘连

制作汉堡包的诀窍在于肉要粘连在一起。想要让肉泥非常好地粘连在一起，需要用塑料铲子压拨肉泥，即压到碗边后再压回碗中间，重复此步骤。用铲子拨开肉泥时，肉泥有拔丝现象，说明肉泥已经粘连好了，此时就不需要再额外添加让肉泥粘在一起的佐料了。

3 煎制时间要短！一定要防止美味的肉汁流出来

如果煎制时间过长，美味的肉汁就会从肉泥中流出来。当肉泥两面煎制到稍微变色成形之后，可以开大火，让肉汁紧紧锁在肉泥中间。在煎制完成到出锅之前可以放在煎锅里，这样肉汁可以很好地保存在肉饼中，保证汉堡包的美味！不流出肉汁的肉饼才是美味的前提！

汉堡包牛排的黄金搭配比例

牛肉 猪肉

8 : 2

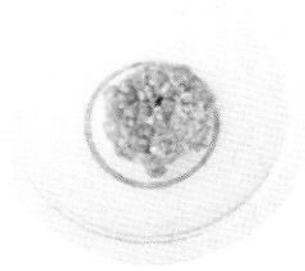

牛肉添加的比例稍大一些，这样会让整个牛排非常有嚼劲。而柔软的猪肉又会让牛肉完全粘连在一起，使烹制出的汉堡包更加可口。建议采用牛排的烹调法进行烹制。

感受纯粹牛肉的劲爆是汉堡包的出发点

纯牛肉

100%

用纯牛肉做成的正宗美洲风味汉堡包牛排。在咀嚼的时候可以充分感受到牛肉的嚼劲，口感非常棒。不要添加任何多余的材料，建议在想要直接品尝纯正牛肉的美味时，烹制此类汉堡包。

汉堡包的四大改进

口感松软是关键

牛肉 猪肉

5 : 5

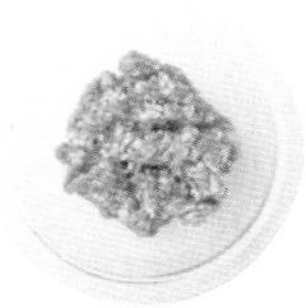

牛排的表面煎制得非常坚硬，但焖煮肉类所追求的是柔软性，因此会添加一些蔬菜酱汁等。这个比例制作的肉馅也可以用来制作肉丸子和牛肉糕等，应用范围非常广。

可以变换各种风味的汉堡包猪排

纯猪肉

100%

用纯猪肉做成的汉堡包味道浓厚，口感非常柔软，和米饭是黄金搭档！可以用不同的沙司制作成不同的口味，让你发现汉堡包新的一面。清淡沙司和浓厚沙司均可以和猪排搭配，一定要把口味做得纯正一些。

黄金搭配比例是
牛肉8 ：猪肉2

汉堡包牛排

接下来将为您介绍拥有适当的嚼劲、让口中满溢肉汁的美味汉堡包的配方！虽然肉泥是粘连在一起的，但其硬度刚好用筷子就可以分开。煎制成薄薄的肉饼，涂上高级沙司，一款绝佳的美味。

材料（2人份）

8：2汉堡包配料

- 牛肉泥……320g
- 猪肉泥……80g
- 洋葱……1/2个
- Ⓐ
  - 面包粉……20g
  - 纯牛奶……20ml
  - 鸡蛋……1/2个
  - 肉豆蔻……少量
- 食用盐、胡椒……各适量

色拉油……适量

高级沙司（P44）……4大汤勺

食用盐、黑胡椒、粗胡椒粉……各适量

佐料：土豆蛋黄酱（P128）、水芹……各适量

※如果是手工制作肉泥，可以选择粗肉末。

美味诀窍

主厨建议

一定要让肉泥完全粘连在一起。如果用手搅拌，体温会把脂肪从肉泥里面溶解出来，使肉粘在一起，这样效果不好。一定要一边用冰水降温，一边用铲子搅拌。一定要用刀把肉泥整理成形，不要用手直接接触肉泥。制作出美味汉堡包的诀窍有三个：一、在搅拌的时候，要用塑料铲子把肉从碗中间压拨到碗边，然后重复这一动作；二、做成薄饼状，然后用大火在短时间内煎制；三、要防止肉汁流出。此外，食用盐和粗胡椒粉在上火煎制之前放进去即可，这样不会出来多余的水分，黑胡椒的香味也会煎出来。

1

把洋葱切碎后放入平底锅中，加1大汤勺色拉油，加热，轻轻翻炒。加入1小撮食用盐和一点点胡椒，炒至轻微变色即可，然后完全冷却备用。

2

把肉泥、步骤1中做好的材料、材料Ⓐ、半小汤勺食用盐、黑胡椒等放进碗里。一边用冰水降温，一边用塑料铲子将材料混合均匀。用铲子来回压拨肉泥，直至混合充分。

3

不要让脂肪析出，让整个肉泥完全粘连在一起。这是最理想的汉堡包材料。

4

取一半的肉泥放在生菜板上，用刀把肉泥压平，把中间的空气挤出来。

5

用刀把边缘切整齐，做成椭圆形（20cm×12cm）。

6

在肉饼上面划出格子状的条纹，这样煎制时可以收缩得均匀一些。在其中一面撒上黑胡椒和食用盐。重复步骤4~6，把剩下的一半肉泥也按照同样的方法处理好。

7

在厚平底锅中加入半大汤勺色拉油，并用大火加热。把步骤6中的肉饼（划出格子的一面）放在下面，和平底锅锅底接触，在表面撒上食用盐和粗黑胡椒粉。

8

当肉泥开始凝固之后，用铲子稍微抬起肉饼，使油向下渗。煎至成形之后，把肉饼翻过来继续煎烤，至肉汁呈透明状即可。把配料加进去之后，装在盘子里，然后加热高级沙司，趁热淋在肉饼上。

口感松软的关键是
牛肉5：猪肉5

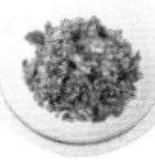

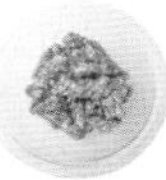

1

制作蔬菜酱。把食材全部切成细碎末。将色拉油放在平底锅中加热，翻炒食材，并加入1小勺食用盐和白胡椒，然后翻炒至变色。

2

当热度散去之后，用混合搅拌机搅拌成糊状，待冷却。

3

把肉泥放在碗中，把步骤2中做好的食材和材料Ⓐ、1小勺食用盐、白胡椒等放入碗中，然后一边洒冰水一边用塑料铲搅拌，制成汉堡包的原材料。

4

和汉堡包牛排（P15）步骤4相同，把一半材料放在菜板上，压平，把其中的空气挤出来，然后左右来回滚动做成橄榄球形（12cm×6cm×2.5cm）。另一半材料也按照相同的方法处理。

5

在厚底平底锅中加入1½大勺油，用大火把牛排的表面煎制变硬。

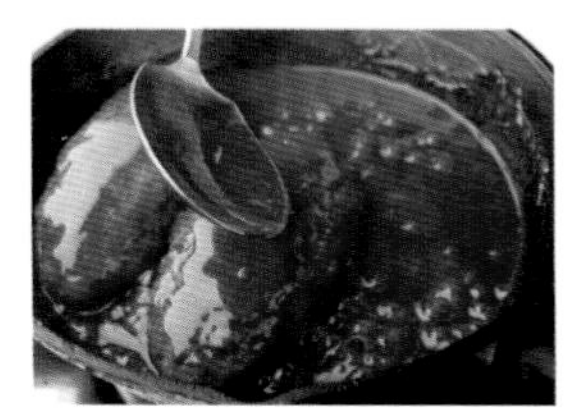

6

把步骤5中做好的牛排取出来，把平底锅擦干净。将牛排放回锅里，一边加入高级沙司一边焖煮。做好之后，把牛排盛在盘子中，在上面浇上沙司。

焖煮汉堡包

猪肉和牛肉按相等的比例混合在一起，即使焖煮肉也不会特别紧实，入口酥软，口感非常柔软。如果用香味浓厚的高级沙司焖煮，会非常下饭！

※1 姜、辣椒粉、白胡椒、黑胡椒、百里香、月桂、丁香、肉豆蔻衣混合制成的香料。此外，加入一些蒜粉味道也非常好。市面上也有卖的。

※2 加入1/8根芜菁与几片芜菁叶，把胡萝卜、蘑菇切成1.5cm的小方块，然后和小番茄一起煮。

材料（2人份）

5：5汉堡包配料

- 牛肉泥……200g
- 猪肉泥……200g
- 蔬菜酱……1
- 洋葱、胡萝卜、旱芹……各100g
- 色拉油……2大勺
- Ⓐ 面包粉、牛奶……各1大勺
- Ⓐ 鸡蛋……1/2个
- Ⓐ 混合香料（香肠用）※1……2g
- 食用盐、白胡椒……各适量
- 高级沙司（P44）……1杯

色拉油……1½大勺

添加食材：芜菁、胡萝卜、蘑菇、小番茄※2……各适量

主厨建议

焖煮好的汉堡包和煎制的牛排相比，有一股肉腥味，可以加入一些香肠用的混合香料。此外，比煎制的牛排要厚一些，所以要事先在材料中加入足量的食用盐并混合搅拌均匀。先把牛排表面煎制发硬，使肉的香味全部锁在牛排中，然在放入锅中焖煮。若添加蔬菜酱，会有些许甜味。

纯牛肉的汉堡包牛排
是汉堡包的基础！

1

把1大勺食用油倒入平底锅中加热，放入洋葱轻轻翻炒，加入1小撮盐和黑胡椒，炒制变色，然后放置冷却。

2

碗里放入一半肉泥，将步骤**1**做好的材料、鸡蛋、少量盐添加到碗里，然后一边洒冰水一边用塑料铲搅拌均匀。

3

在步骤**2**剩余的另一半肉泥中加入黑胡椒粉。

4

用塑料铲从下往上翻肉泥，混合均匀。和汉堡包牛排（P15）步骤**4**一样，把其中的空气全部赶出来，做成1cm厚的圆形肉饼，并在肉饼上划出格子状条纹。按照同样的方法做2个。

5

在步骤**4**做好的肉饼的一面撒上盐和黑胡椒。把色拉油倒入厚底平底锅中加热，将撒过材料的一面朝下放置，开始用大火煎制，并加入粗胡椒粒。

6

当肉饼煎制发硬之后，翻面，直至肉汁变成粉红色。煎制的时间标准大约是每面1分钟。把配菜和牛排一起放在盘子里，并添加一些粗胡椒粒和芥末。

美洲风味的汉堡包牛排

如果想要体验纯牛肉的劲爆口感，请选择纯牛肉汉堡包牛排。为了品尝牛肉坚硬的部分而将其切碎并煎成肉饼，这样做成的牛排才是汉堡包牛排的基础，可以让你直观地感受肉的弹力与肉汁的美味。

汉堡包牛排是来源于汉堡包吗?

实际上汉堡包牛排最早起源于日本。在美洲，汉堡包牛排只是一种用手拿着吃的食物。为了把牛肉比较坚硬的部分煎制后食用，最原始的办法就是将其切碎并煎成肉饼。纯牛肉的汉堡包牛排可以让人直接感受到肉的质感，和可以大口大口吃的汉堡包是绝配。把洋葱、西红柿切成圆片后和莴苣等一起夹在汉堡包里，绝对是一种美味!

材料（2人份）

牛肉泥……………………………400g
洋葱（细碎末）………………1/2个
鸡蛋……………………………1/2个
色拉油……………………………适量
芥末粉……………………………适量
食用盐、黑胡椒、粗黑胡椒粒
……………………………………各适量
配菜：土豆蛋黄酱（P128）、水芹
……………………………………各适量

*如果是手工制作牛肉泥，可以选择粗肉末。

主厨建议

把肉泥分成两份，一份完全搅拌均匀，另一份适当搅拌，然后把两份混合在一起，这是制作此种牛排的诀窍。肉泥粘连在一起，可以充分感受到肉的弹力，口感会非常好。“用肉把肉粘连在一起”才是真正的汉堡包牛排。此外，在搅拌之前先加入少量食用盐，这样粘连的效果会更好。为了可以完全感受到鲜香的肉汁，体会到像是在吃一大块肉的感觉，不要添加面包粉以及香料等，用最简单的食材即可。在吃的时候，可以加一些粗胡椒粒和芥末。

家常风味的汉堡包猪排

1

把一半的肉泥放在碗里，分别加入材料🅐和少量的食用盐，然后一边洒冰水一边用塑料铲搅拌、按压，并用铲子来回压拨肉泥，直至混合充分。

2

在步骤**1**剩余的另一半肉泥中加入1小撮食用盐和一些白胡椒粉。

3

用塑料铲从下往上来回翻动肉泥，使其混合均匀。和汉堡包牛排（P15）步骤**4**一样，把里面的空气全部赶出来，做成1cm厚的方形肉饼，并在其中一面上加盐和白胡椒。制作2片肉饼。

4

把色拉油倒入厚底平底锅中加热，把处理过的一面朝下，开始用中火煎制。在表面上撒盐、白胡椒，等表面煎制定型以后，把肉饼铲起来，并及时在肉饼下面添加色拉油。

5

当肉饼的边缘发白之后翻面，待完全成型固定后改用小火煎制，直到肉汁变成透明。把配菜和肉饼一起盛在盘子里面，然后浇上一些蘑菇红酒沙司即可。

主厨建议

和纯牛肉牛排一样，一半肉泥充分混合搅拌，让肉全部粘连在一起。炸肉饼时洋葱不要炒制，直接混合在煎好的牛排上面，口感和香味都会非常棒！

汉堡包猪排

和牛肉相比，猪肉更加柔软一些，口味也更加温和一点，所以更有小菜的风味。用红酒煮制的沙司有浓厚的香味，而且酱油也给其添加了几分味道。和米饭搭配在一起时非常完美！

材料（两人份）

- 猪肉泥……………………………400g
- 🅐 洋葱（切细碎末）………2/3个
- 🅐 鸡蛋…………………………1/2个
- 蘑菇红酒沙司…………………4大勺
- 色拉油……………………………适量
- 食用盐、白胡椒………………各适量
- 配菜：土豆蛋黄酱（P128）、水芥……………………………各适量

主厨特制沙司①

蘑菇红酒沙司

用红酒煮制的香浓沙司和清爽的纯猪肉猪排非常搭配。此外，橙汁以及萝卜丝等搭配口味非常清爽的沙司也非常完美。

材料（适量）

- 丛生口蘑……………………………30g
- 大蒜（细碎末）……………1/2小勺
- 红酒…………………………………80ml
- 🅑 酱油……………………………1小勺
- 🅑 黄油……………………………10g
- 淀粉………………………………少量
- 色拉油……………………………1大勺
- 食用盐、白胡椒……………各适量

制作方法

① 把色拉油和大蒜末加到平底锅中，用小火加热，煸出香味。加入丛生口蘑后快速翻炒一下，加1小撮盐和少量白胡椒之后出锅。

② 把红酒加到平底锅中，用中火煮至还剩一半的量。

③ 把步骤1中炒好的丛生口蘑和材料🅑加到锅中，然后把淀粉和水按照相同的量进行调配，然后转着圈加到锅中，进行勾芡。

专为汉堡包牛排材料设计的烹调法

1

将汉堡包牛排的材料放在保鲜膜上面，平摊成1cm厚的肉饼状，然后撒上食用盐和黑胡椒粒。在中间位置放一些奶酪，两侧放罗勒叶子，然后把保鲜膜对折，使其成形。在其中一面上撒上食用盐和黑胡椒粒。

2

在厚底平底锅中加入1½大勺色拉油并加热，把步骤**1**处理好的材料放在锅中用大火煎制。一面煎制成熟后翻面，当表面已经煎制发硬之后，改用中火，煎出来的肉汁变成透明即可关火。

3

盛在盘子里，然后把温热的番茄沙司趁热淋在上面。

奶酪汉堡包牛排

在黄金比例牛排中加入奶酪和罗勒，即可制成一道浓香醇厚的新品美食。

材料（2人份）

8：2的汉堡包牛排材料（P15）

奶酪…………………………… 30g

罗勒叶………………………… 4片

番茄沙司（P54）……… 6大勺

色拉油…………………………适量

食用盐、粗黑胡椒粉……各适量

美味诀窍

主厨建议

把汉堡包牛排的材料平摊在保鲜膜上，然后把奶酪和罗勒叶子放在上面，将保鲜膜对折，简单的包裹一下。不要让手的温度使材料的温度上升，包裹的时候动作一定要迅速。如果用刀切开，奶酪会从牛排里面流出来，让人食欲大增。带有酸味的番茄沙司和奶酪的浓香以及罗勒叶子的清爽香气会让汉堡包牛排的香味更加诱人。

1

把熏猪肉切成5mm的方块，洋葱切成2cm的方块备用。

2

把色拉油蘸在手上，然后迅速把汉堡包牛排的材料揉成小丸子，一定要快，以防空气进入到肉丸子里。然后在丸子表面沾一层全麦粉。

3

在平底锅中加入1½大勺色拉油并加热，把步骤2中做好的肉丸子用大火煎制，然后加入步骤1中处理好的熏猪肉和洋葱一起翻炒。

4

当洋葱变软之后，加入番茄沙司并调到中火焖煮。加入食用盐、白胡椒粉等，把火关了以后再加黄油，并且要快速混合均匀。

5

盛在盘子里，撒上豌豆。

番茄酱炖肉丸子

把适合焖煮的汉堡包牛排的材料做成肉丸子，然后加入蔬菜以及番茄沙司，用小火煮制。在清爽的口感中感受食材的美味。

材料（2人份）

5：5的汉堡包牛排材料（P17）

熏猪肉（块状）…………… 30g
洋葱……………………… 1/4个
豌豆（焯水）……………… 8个
番茄沙司（P54）…… 1½大勺
黄油……………………… 1大勺
全麦粉、色拉油………… 各适量
食用盐、白胡椒………… 各适量

主厨建议

在揉肉丸子的时候，要事先在手上沾油，动作要迅速，不要让空气进入到肉丸子里，而且这样也不会把手的温度传递给肉丸子，导致脂肪从中流出。然后在肉丸子表面粘一层薄薄的全麦粉，这样在煎制的时候，美味的肉汁会被紧紧地锁在肉丸子里面。可以多做一些放在冰箱中冷冻备用，这样会比较方便。

1

在生菜板上铺上保鲜膜，然后把1人份汉堡包牛排材料铺在上面。用刀的中间部位把肉压平，把里面的空气全部挤出来，再撒上食用盐和白胡椒。

2

把全麦粉粘在水煮鸡蛋上面，放在步骤**1**做好的材料中间，用材料把鸡蛋包起来，揉成圆形。

依次把全麦粉、鸡蛋、面包粉撒在汉堡包牛排的表面，然后按刚刚的顺序重复撒一次。

4

把油加热到120℃~150℃，把步骤**3**做好的材料放在锅中炸10分钟左右。炸制的过程中可以一边往上浇油，一边炸。

5

待温热后切成两半，然后把配菜等一起装在盘子里即可。

苏格兰煎蛋

用汉堡包牛排的材料把水煮鸡蛋整个包起来，用油炸一下，一道非常传统的小菜就完成了。浓香四溢的面衣非常脆，加上汉堡包牛排的材料以及煮鸡蛋，同时可以品尝到三种美味！

主厨建议

在做苏格兰煎蛋时，最令人担心的是炸的过程中肉丸破裂，肉汁从里面流出来。因此，要重复上两次面衣，然后用低温炸，这样就不会破裂了。油不能完全浸没肉丸的表面时，肉汁可能会流出来，这时可以一边浇油一边炸制。刚刚出锅的苏格兰煎蛋非常好吃，放凉了再吃也同样非常美味，可以和便当搭配在一起。

材料（2人份）

5：5汉堡包牛排材料（P17）

Ⓐ 水煮鸡蛋…………………… 2个
　 面包粉、全麦粉、鸡蛋…… 适量

油………………………………… 适量

食用盐、粗胡椒粉…………… 各适量

配菜：绿色瓜尔豆…………… 适量

鸡肉炒饭

（P60）

先把鸡肉饭装在盘子里，这样就可以有一个大体的轮廓，在盛装其他食材的时候可以做参考。把饭装成甜瓜型，然后在上面撒上青豌豆。右侧放上已经处理好的蔬菜，然后把小装饰等插在上面。

炸大虾

（P102）

非常豪华，又可以让整个料理看上去富有动感，还可以成为整个料理的点睛之笔。把柠檬切成薄片放在上面，然后撒上蛋黄沙司。

蛋奶布丁

（P160）

为了能够放在同一个盘子里面，把蛋奶布丁做成玻璃杯点心。当布丁胚子凉透且凝固之后，在装盘的同时把焦糖浆浇在上面。

汉堡包牛排

（P14）

整个料理的主角。放在手边，非常抓人眼球！在装盘的最后一步，将温热的高级沙司浇在上面即可。

大宫主厨教程！
适合成年人的“儿童套餐”

大宫主厨的亲传

“最开始吃的西餐是儿童套餐。”正因为如此，当吃起这些料理的时候，很多人会回想起小时候的感觉，非常让人怀念。这是长大成人之后，在西餐厅再也点不到的菜品，非常希望可以再吃一次。“那么，在大宫餐厅品尝一下有大家小时候味道的料理如何呢？”大宫主厨说。

汉堡包牛排、炸大虾、鸡肉炒饭，再加上蛋奶布丁，把大人们想吃的菜品全部集中在一个盘子里面。大宫主厨如实地说：“因为口味非常纯正，所以虽然不是儿童套餐，但可以是双亲套餐。”用非常讲究的盘子盛装，可以带你回到小时候，体味一下童年的感觉。

第二章

白汁沙司、高级沙司、番茄沙司

三种沙司制作的招牌料理

深受大家喜爱的奶汁烤干酪烙菜、炖牛肉、那不勒斯风味意大利面等招牌西餐，如果有白汁沙司、高级沙司、番茄沙司，制作起来将会非常简单。下面将为大家介绍大宫系列“绝无失败，百试不爽”的沙司制作技巧，以及这些料理的衍生菜品。

白汁沙司

白汁沙司有牛奶的甘甜与浓厚以及清新爽滑的口感，如果掌握了制作技巧，不需要用特别的材料，即可调制出绝佳美味。主厨亲传的沙司制作技术绝对不会让您失败，还可以和各种不同的料理搭配，感受不同的美食风味。白汁沙司做出来之后非常硬，可做奶油炸肉饼，也可以用牛奶稀释之后使用。

美味诀窍

主厨建议

把全麦粉放在微波炉中加热是整个制作的关键所在。加热到和淀粉一样，用手按上去会发出簌簌的响声，这表示已经完全干燥，不再是粉状。如果加热时间稍长，就会烘烤至上色，所以在加热过程中要把全麦粉时不时的拿出来混合一下，让其受热均匀一些。

当加入牛奶搅拌时，可以先放置一段时间，让其沉淀一下，这样搅拌起来会比较方便一点，搅拌好的沙司也更加光滑、细腻。一定要用厚底锅做，这样不会烤焦。

材料（做成后大约500g）

牛奶……2杯

黄油……50g

全麦粉……50g

白汁沙司的制作方法

1

把全麦粉放在耐热的碗中，放入微波炉（600w）中加热30秒，取出后搅拌混合均匀。按照同样的方法反复几次，直到全麦粉变得非常干燥。

2

把步骤1中处理好的全麦粉放在细孔的筛子中筛选。把牛奶加热到比人体温度稍微热一点的程度。

3

把黄油放在厚底锅中用中火加热，用木铲子不断搅拌，以防烤焦，搅拌至完全融化并煮沸。然后把步骤2筛好的全麦粉全部加进去。

4

搅拌至呈爽滑。为了防止烤焦，可以先把火关掉，然后再把全麦粉加进去。

5

在步骤4做好的材料中加入步骤2处理好的1/3的牛奶，每次加入1杯的量，充分搅拌混合。

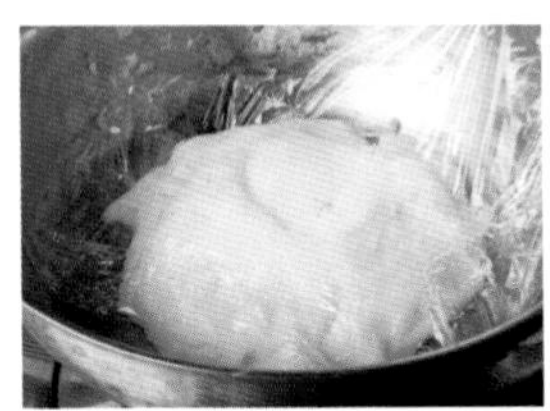

6

关火，包上保鲜膜，避免和空气接触，放置15分钟左右。

7

把步骤6剩余的牛奶慢慢地加进去，并用小火加热，让整体材料混合均匀。

8

当材料基本混合在一起并且量已经足够之后，换用打蛋器快速搅拌打泡，直到沸腾。如果在搅拌过程中看到锅底，就说明白汁沙司制作完成了。

焗意大利通心粉

简单的法式奶汁干酪烙菜，可以直接享受到白汁沙司的美味。与其说是在吃意大利通心粉，不如说是为了品尝白汁沙司的鲜香美味。要选择比较粗的通心粉，让白汁沙司可以完全进入通心粉中间的孔里。

主厨建议

把洋葱和蘑菇轻轻翻炒一下，让其香味和甜味进入沙司里面。用水把通心粉焯一下，如果不立即使用，可以先用水浸泡一下，然后再沾一层油，这样面不容易黏黏地连在一起。

材料（2人份）

通心粉（粗）…………………… 90g
洋葱…………………… 1/2个（90g）
蘑菇…………………………… 4个
白汁沙司（P28）……………… 90g
牛奶………………………… 80~90ml
手撕奶酪……………………… 140g
面包粉………………………… 适量
色拉油………………………… 1大勺
黄油…………………………… 适量
食用盐、白胡椒………………… 各适量

1

把通心粉用水焯好备用（如图所示）。把洋葱切成1cm的小方块，把蘑菇沿纵向平均切成4块。

2

把色拉油放在厚底锅中加热，然后放入1/2大勺黄油并让其融化，用中火把步骤1处理好的洋葱煸炒至透明。加1小撮食用盐，加少量白胡椒粉。

3

在步骤2做好的材料中加入蘑菇，轻轻翻炒，加1小撮盐和少量白胡椒。

4

在另外一个锅中加入白汁沙司，再加入牛奶并加热，一边搅拌混合，一边稀释至爽滑、细腻。

5

在步骤3使用的锅里加入步骤4处理好的材料，混合搅拌后立即把步骤1处理好的通心粉加入，搅拌均匀。

6

在步骤5处理好的食材中加入40g手撕奶酪，搅拌。

7

把整体材料混合搅拌均匀之后，加入食用盐、白胡椒等调味。

8

把盘子里面均匀地涂上黄油，把步骤7做好的材料滑倒入盘子里，然后把面包粉、奶酪按照1人份50g的量散在上面，再撒上少量黄油，用小型多功能烤面包器烘烤至上色。

土豆菲诺卡瓦

土豆和白汁沙司搭配起来非常完美，用其做成的蒜香风味的法式奶汁干酪烙菜也非常简单。在食用之前，先用烤面包机烤一下，趁热吃非常美味。

主厨建议

把白汁沙司均匀地洒在料理上面，土豆要轻轻地摆放在盘子里，从土豆中可以析出淀粉，所以沙司可以用作稀释用。此为法国东部菲诺卡瓦地区的乡土料理，原本是使用生奶油和牛奶制成的。白汁沙司也可以和肉类料理搭配在一起食用。

材料（2人份）

土豆……………………………2个

白汁沙司（P28）…………80g

牛奶……………………80~90ml

Ⓐ { 肉豆蔻………………1小撮
　 { 食用盐、白胡椒… 各适量

大蒜……………………… 少量

手撕奶酪……………………60g

面包粉…………………… 适量

黄油……………………… 适量

1 把土豆用水焯一下，切成1cm厚的薄片。

2 把白汁沙司放进锅里，加入牛奶，边加热边稀释。把材料Ⓐ加进去调味。

3 把大蒜擦在盘子上面，让蒜的香味粘在盘子上。把黄油涂在盘子上，将步骤1做好的土豆轻轻地放在上面，不要重叠。

4 把步骤2做好的白汁沙司轻轻倒入盘子里，撒上奶酪、面包粉，然后放在多功能烤面包器里烘烤至上色。

材料（2人份）
扇贝干贝…………………… 2个
白葡萄酒……………… 2大勺
白汁沙司（P28） ……… 100g
生奶油…………………… 60ml
土豆泥（P129） ……… 100g
蛋黄……………………… 1个
色拉油…………………… 适量
食用盐、白胡椒……… 各适量
香芹（切细末）………… 少量

1 把扇贝干贝横向切成两半。

2 把色拉油放在平底锅中加热，把步骤1处理好的干贝轻轻翻炒并加入1小撮盐、适量白胡椒粉和白葡萄酒。

3 把白汁沙司放在厚底锅里加热，然后加入生奶油并混合搅拌均匀，再加2/3小勺盐和白胡椒粉。

4 用贝壳当盘子，把步骤2中做好的食材摆在里面，并把步骤3做好的材料浇在上面，然后把土豆泥放在裱花袋里，挤出如图所示的形状。

5 在步骤4的基础上把蛋黄涂在上面，然后放在多功能烤面包器里面烘烤至上色，然后把香芹撒在上面。

奶汁焗扇贝

把轻轻翻炒过的扇贝做成小巧的法式奶汁干酪烙菜。用生奶油把白汁沙司稀释一下，这样什锦冷盘美味料理的味道会更加丰富。

和带有足量白汁沙司的简单法式奶汁干酪烙菜不同，这是一道将扇贝调制的非常美味的什锦冷盘菜。注意在烤制扇贝的时候，仅仅将外壳烘烤至上色即可，不要烤干烤透。把爽滑的土豆泥挤在贝壳里，看上去会更加美味。因为贝壳不稳定，所以可将食用盐放在盘子里固定贝壳。

大虾鱼贝鸡米饭

鱼贝鸡米饭也就是传统的法式奶汁干酪烙菜米饭。在黄油味道浓厚的米饭上面加上足量的大虾，然后把滑腻的白汁沙司和奶酪撒在米饭上面，之后进行烘烤，使其口味鲜香浓厚。这是喜爱米饭的人非常青睐的一款美食。

材料（2人份）

- 大虾（去掉虾皮）……………………… 12个
- 洋葱……………………………………1/8个
- 蘑菇………………………………………2个
- 白汁沙司（P28）……………………… 100g
- 牛奶………………………………90~100ml
- 黄油米饭（温热P158）……………… 400g
- 手撕奶酪……………………………… 60g
- 面包粉、色拉油、黄油…………… 各适量
- 食用盐、白胡椒粉………………… 各适量

主厨建议

鱼贝鸡米饭可以同时品尝到黄油米饭和白汁沙司的美味，而且这两种美味混合在一起是非常棒的！在稀释白汁沙司的时候，尽量不要过稀，这样沙司就不会进入到黄油米饭里面，米饭和沙司最协调的比例是2：1。把大虾轻轻翻炒一下，表面变色即可。

1

把洋葱切成1cm的方块。把蘑菇从中间切成两半，然后切成薄片状。在大虾上面撒上1/2勺盐和白胡椒粉。把黄油放在锅中加热，用中火把大虾轻轻翻炒一下。

2

把步骤**1**处理好的大虾捞出来，然后在刚才的锅中加入色拉油稍稍加热，再把步骤**1**切好的洋葱和蘑菇用中火轻轻煸炒，最后加入1小撮食用盐和白胡椒粉。

3

把白汁沙司和牛奶放入厚底锅中加热，一边搅拌一边稀释白汁沙司。把步骤**2**中处理好的食材加进去，然后充分搅拌混合，加盐和白胡椒把味道调好。

4

在容器中涂抹黄油，把黄油米饭铺在上面，把步骤**3**做好的调味汁浇在上面，并把大虾摆在上面。把奶酪和面包粉撒在上面，黄油按照1人份2小勺的分量添加，然后放进多功能烤面包器中烘烤至上色。

1

洋葱切成1cm方块，蘑菇切成5mm厚的薄片。把1大勺黄油加到锅里加热，用中火翻炒，然后放1小撮盐和白胡椒粉。

2

用厚底锅把白汁沙司加热，并放入2/3小勺盐、白胡椒粉。然后把步骤**1**处理好的食材和蟹子一起放进去搅拌翻炒。

3

烤盘里涂上黄油，将步骤**2**混合好的食材平摊在里面，然后把上面再涂一层黄油，以防表面干燥。等余温散去之后，放入冰箱冷藏室，使其完全冷却。

4

把黄油涂在直径10cm的环形圈里面，然后放在烤箱垫子上，把步骤**3**做好的食材填充在环形圈内，注意不要让空气进到里面。如果没有环形圈，可以用裱花袋把材料挤成圆形。

5

把步骤**4**处理好的食材放进冰箱冷藏室里，冷却30分钟直到凝固。把模具拿下来，然后按照全麦粉、鸡蛋、面包粉的顺序依次快速地撒在上面。把多余的面包粉拍掉。

6

在加热到180℃的油中将步骤**5**处理好的食材炸一下。当开始上色之后，改用小火，当冒出来的气泡变小后，翻面让其充分上色。盘子里先铺好凉拌卷心菜丝，然后把炸肉饼放在上面。

蟹子奶油炸肉饼

炸好之后用刀切开，此时里面热热的奶油会流出来，看上去非常有食欲。因为想要品尝到主角蟹子的美味，所以一定要加足量。在加热油的时候，可以用筷子搅拌一下，让材料受热均匀。

材料（4人份）

蟹子（蟹肉棒）	200g（10根）
洋葱	1/2个
蘑菇	6个
白汁沙司（P28）	170g
面包粉、全麦粉、鸡蛋	各适量
黄油	适量
油	适量
食用盐、白胡椒粉	各适量
配菜：凉拌卷心菜（P121）	适量

如果遇到高温，肉饼表面会立刻被炸得非常坚硬，薄薄的面衣会变厚，切的时候就不会裂开，这样里面的奶油就不会流出来。在表面变硬之后一定要立即变小火，并用漏勺将其一边捞起一边炸制，这样才能火候合适，不至于炸胡。如果有细面包粉掉下来，一定要把它们从油里捞出来。如果做的量大，可以把还没有上面衣的材料放在冰箱里冷冻保存，方便以后烹制（如图）。在冷冻的状态下裹上面衣炸制，也是非常方便的。但要注意的是，当油温在180℃时放进去，油温会迅速下降，需要调到中火进行炸制。

奶油炖菜

只需要轻轻煮一下，就可以使鸡肉柔软可口。即使不放清汤，蔬菜和肉的香味也会弥漫在整个菜品中。如果有白汁沙司就更简单了，几分钟就可以做好。

主厨建议

要点在于不要将蔬菜和鸡肉炒出颜色，鸡肉一定要是白色的。想要把鸡肉表面烹制出硬硬的一层，所以使用了黄油，但这样很容易让表面上色，烹制时需要注意。当开始煮制以后，可加入相应分量的牛奶进行稀释。事先把土豆焯一下，使其保持原先的硬度备用，这会使烹制时间更短。

材料（4人份）

材料	用量
鸡腿肉	480g
花椰菜	1/2个
洋葱	1/2个
胡萝卜	1/2个
土豆	1个
蘑菇	6个
白汁沙司（P28）	400g
牛奶	1½杯
全麦粉、色拉油、黄油	各适量
食用盐、白胡椒	各适量

*除了鸡肉以外，还可以用墨鱼、大虾、扇贝等来烹制，而且可以不蘸全麦粉直接炒制，让食材的美味直接浸入到沙司里面。

1

分别把洋葱、胡萝卜切成1cm的方块，土豆去皮后切成2cm的方块，蘑菇竖着均匀地切成4片。把花椰菜分成小块，用水焯一下，保持原先的硬度。

2

把鸡肉切成一口大的块，放入1小勺盐和白胡椒粉，再撒上全麦粉，注意一定要把多余的全麦粉全部拍打下来。

3

在厚底平底锅中加1大勺色拉油和1小勺黄油，加热，把步骤2处理好的食材用大火炸制变硬，不要让颜色发生变化。

4

在厚底锅中放入1大勺色拉油、1小勺黄油并加热，放入步骤1切好的洋葱，翻炒。当洋葱上面全部沾到油之后，把花椰菜之外的蔬菜放进去煸炒，并加入1小勺食用盐和白胡椒粉。

5

待步骤4中所有的蔬菜沾上油之后，把步骤3处理好的食材里面加入肉汁，然后全部混合在一起。

6

用厚底锅加热白汁沙司，然后用牛奶把沙司稀释成汤状。

7

把步骤6做好的材料加到步骤5做好的食材里面，然后混合搅拌均匀。

8

煮至沸腾之后，改用小火。当土豆煮至柔软时，把花椰菜加进去，并加入食用盐、白胡椒粉等进行调味。

材料（2~3人份）
奶油玉米（罐头）
…………………… 1罐（275g）
洋葱（切薄片）……… 1/4个

❹
- 白汁沙司（P28） … 60g
- 牛奶……………… 120ml
- 生奶油…………… 1/4杯
- 黄油………………… 50g

食用盐、白胡椒粉… 各适量

1 把1大勺黄油放在平底锅中加热，把洋葱炒至透明，然后加2小撮食用盐。

2 把❹食材放入厚底锅中，一边加热一边用混合搅拌机搅拌稀释。

3 把步骤2做好的食材和奶油玉米加入步骤1做好的材料中，然后用混合搅拌机搅拌机均匀。

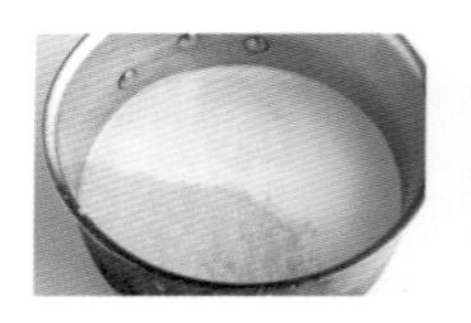

4 用网眼很小的竹篓把步骤3做好的食材筛到另一个锅里，加热后放盐、白胡椒等进行调味。

玉米浓汤

西餐厅里最基本的料理之一。香甜的玉米和牛奶搭配浓香的黄油，可以相互协调，让料理更加美味可口。用心烹制，可以给您带来爽滑的味觉体验。

主厨建议

浓汤是把蔬菜的美味浓缩之后制成的汤。采用时令蔬菜，将其浓香醇厚的味道烹制出来。玉米、胡萝卜等淀粉含量较少的蔬菜可以多加一些白汁沙司，相反，像土豆这些淀粉含量较高的就需要少放白汁沙司。如果玉米的甜味不够，可以加少量的咖喱粉，这样吃起来味道会好一些。甜味较淡一些的蔬菜可以加一点洋葱来提味。

胡萝卜浓汤

炒制全熟的胡萝卜非常甜，颜色也很鲜亮。

1 把2大勺黄油放在平底锅中，加热融化，然后把胡萝卜煸炒一下，加入2小撮食用盐。

2 待胡萝卜全部沾上黄油后改用小火炒制30分钟，直到胡萝卜的量减半。

3 把步骤2做好的食材放入碗中，加入食材❹，并用混合搅拌机搅拌均匀，然后放到厚底锅中。

4 把步骤3的食材加热一下，然后加入食用盐、白胡椒粉调味，关火后加入2大勺黄油混合均匀。

材料（2~3人份）

胡萝卜（切薄片）…1根（180g）

❹
- 白汁沙司（P28）………15g
- 牛奶……………………1¾杯
- 生奶油…………………1/2杯

黄油…………………………4大勺

食用盐、白胡椒粉……… 各适量

青豌豆浓汤

豆类独特的浓香加上洋葱的香味及甘甜，让这道汤非常美味！

1 把2大勺黄油放在平底锅中，加热融化，然后把洋葱煸炒一下，加入2小撮食用盐。

2 当步骤1中的洋葱煸出香味之后，把青豌豆加进去翻炒，加入1小撮食用盐。

3 把步骤2做好的食材放入碗中，加入食材❹，用混合搅拌机搅拌均匀后放到厚底锅中。

4 把步骤3的食材加热一下，然后加入食用盐、白胡椒粉调味，关火后加入2大勺黄油混合均匀。

材料（2~3人份）

青豌豆（解冻）…………… 175g

洋葱（切薄片）…………… 1/4个

❹
- 白汁沙司（P28）………20g
- 牛奶……………………1¼杯
- 生奶油…………………80ml

黄油…………………………3大勺

食用盐、白胡椒粉……… 各适量

南瓜浓汤

把香甜松软的南瓜放在烤箱中烤制柔软即可！

1 南瓜去皮后切成小方块，将1/2小勺食用盐、1大勺黄油和刚处理好的南瓜一起加到一个大的耐热容器中，包上保鲜膜，放在微波炉中烤至松软，然后揉成南瓜泥。

2 把步骤1做好的食材放入碗中，加入食材❹，并用混合搅拌机搅拌均匀，然后放到厚底锅中。

3 把步骤2的食材加热一下，然后加入食用盐、白胡椒粉调味，关火后加入2大勺黄油混合均匀。

材料（2~3人份）

南瓜…………………………1/4个

❹
- 白汁沙司（P28）………10g
- 牛奶……………………1¾杯
- 生奶油…………………1/2杯

黄油…………………………3大勺

食用盐、白胡椒粉……… 各适量

材料（4人份）

菲律宾蛤仔（肉）	150g
胡萝卜	1/2根
洋葱	1/2个（中等大小）
丛生口蘑	1/2包
Ⓐ 白汁沙司（P28）	120g
Ⓐ 牛奶	240ml
Ⓐ 生奶油	50~60ml
黄油	3大勺
食用盐、白胡椒粉	各适量
香芹（切碎末）	适量

如果是新鲜的生菲律宾蛤仔会更加美味。可以先用水焯一下蛤仔，把腥味去掉备用。火力不要太大，不然蛤仔里面的鲜美肉汁会流出来，肉会变得非常硬，所以在加进蛤肉之后就要适当调节火力。为了凸显蛤肉，一定要把洋葱和胡萝卜切成小块。如果喜欢清淡一点的口味，可以不加生奶油。

蛤肉杂拌

这是一道蔬菜味超级丰富的浓汤。去掉腥味的菲律宾蛤仔的鲜香非常到位。蔬菜和蛤仔的鲜香相得益彰，味道很协调。火力不要太大，这样可以品尝到蛤肉的柔软与鲜香。

1

把胡萝卜和洋葱切成粗碎末。把丛生口蘑的菌柄头摘掉，然后摘成小段。

2

用热水焯一下菲律宾蛤仔。在厚底锅中加入材料Ⓐ，一边加热一边搅拌混合均匀。

3

在另一个锅里放入1大勺黄油并加热，把步骤**1**中处理好的胡萝卜、洋葱等翻炒一下，然后加入2/3小勺盐，再加入白胡椒粉，把丛生口蘑加进去后充分混合，让黄油均匀地粘在上面，并轻轻翻炒。

4

把步骤**2**的菲律宾蛤仔和沙司加到步骤**3**中，混合搅拌均匀。

5

一边搅拌一边加热，等整体全部加热好之后，加入食用盐、白胡椒粉调味。

6

关火，加入2大勺黄油搅拌混合，然后盛在碗里，撒上荷兰芹。

高级沙司

将蔬菜的鲜美和肉的香味完全融合在一起的纯正沙司。餐厅里使用的沙司一般需要花费两周的时间才能制作好。下面介绍适合在家庭中烹制的方法，可以把煮制时间缩短为3个小时。有了这种沙司，炖牛肉、肉丁葱头番茄盖浇饭等都不在话下，只是简单地浇在汉堡包牛排上面也是非常美味的。

材料（做成之后的量为1~1.5L）

牛肉泥	600g
洋葱	90g（1/2个）
胡萝卜、旱芹	各80g
小番茄	100g
番茄沙司（无盐）	2¼杯
红葡萄酒	375ml
月桂	1/2片
全麦粉	60g
色拉油	7大勺
食用盐	1小勺

主厨建议

高级沙司里不仅有蔬菜的甘甜香味，还有苦味和涩味，具有这样的口味才是最好的沙司。因此，不需要在蔬菜上下太多的工夫，只要充分炒制后将其中的糖分全部勾出来即可。全麦粉要放在微波炉中加热上色，直至烤出麦香味。如果可以的话，可以将全麦粉和富强粉按1：1的比例混合，这样沙司会更容易粘连在一起。不要让油漂在上面，一定要充分熬制，把油的香味全部煮到沙司里面去。如果想要缩短烹制的时间，可以用电压力锅加压煮制30分钟。

高级沙司的制作方法

1

洋葱、胡萝卜、旱芹全部切成1cm小方块，把小番茄的蒂摘去，然后切成两半。

2

把1½大勺色拉油加到平底锅中加热，把步骤**1**的洋葱、胡萝卜、旱芹等用大火炒制，尽量不要翻动。

3

把步骤**1**切好的小番茄加到步骤**2**处理好的食材里面，用木铲子一边铲碎一边翻炒。

4

把全麦粉放在耐热容器中，然后放入微波炉（600W）中加热4分钟左右。在加热过程中要拿出来搅拌混合3~4次，这样全麦粉才会受热均匀，上色统一。

5

把步骤**4**做好的食材放进步骤**3**处理好的食材里面，然后加入4大勺色拉油，边翻炒边混合搅拌均匀。

6

把番茄沙司加入到步骤**5**处理好的材料里面，混合搅拌，不要让材料聚成一团（可以关火操作）。

接下页▶

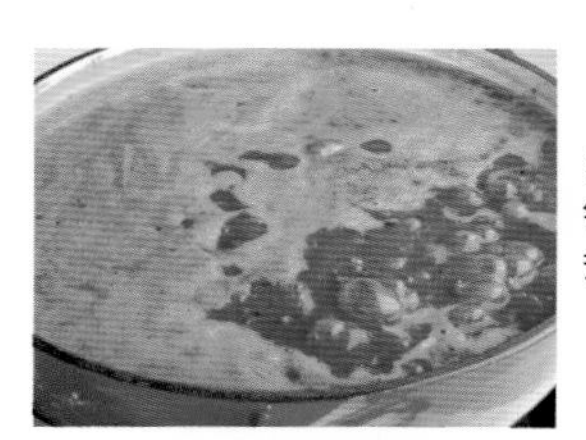

7

当完全混合均匀后倒进厚底锅中，加1L水，混合并加热煮制。

8

在另外一个平底锅中放入1½大勺黄油并加热，用大火煸炒牛肉泥，然后加盐，直到全部炒成碎末。

9

把红葡萄酒加到步骤8炒好的肉末里，然后煮制几分钟。

10

把步骤9做好的食材和月桂加到步骤7中，煮制3个小时。如果用电压力锅煮制，可以缩短为30分钟。

11

把步骤10做好的食材放入另一个锅里，然后用刷帚把粘在锅上的肉末用水刷下来，这样可以把美味毫无遗漏的全部倒进去。

12

加热步骤11处理好的食材，用中火煮成糊状。

13

让油和液体完全混合在一起，当颜色非常光亮的时候就大功告成了。

沙司的保存方法

白汁沙司、高级沙司、土豆沙司……亲手花时间制作的沙司一般都需要冷冻保存，可以多做一些保存起来备用是非常方便的。

保存的技巧是在沙司还没有冷透（还有余温）的时候放进冷冻专用的袋子里面，平摊后封口。当完全冷却之后，放进冰箱冷冻室里面。这样不会占用冷冻室太多的地方，同时用的时候解冻也会很迅速。

炖肉丸子

炖牛肉非常耗时间，但是如果做成肉丸子，烹制时间就会大大缩短。搭配米饭和面包都非常合适，一定要把这道菜加入到你的基本料理菜单中。

材料（2人份）

5：5的汉堡包牛排材料（P15）…………………… 同量
蘑菇……………………… 6个
花茎甘蓝…………………1/4个
Ⓐ 高级沙司（P44）… 1杯
　 番茄沙司……… 2~3大勺
　 全麦粉、色拉油… 各适量
香芹（切细末）………… 适量

1 把花茎甘蓝掰成小块后用水焯一下。把蘑菇切成4等份。

2 和制作汉堡包牛排的材料相同，把材料准备好。

3 手上蘸上色拉油，把步骤2准备好的材料揉成直径4cm的丸子，动作一定要快，不要让空气进入肉丸子里面，然后粘上一层薄薄的全麦粉。

4 把色拉油倒在平底锅中加热，用大火把步骤3中做好的肉丸子表面煎硬后取出备用。

5 把步骤4中使用的平底锅刷干净，把材料Ⓐ、步骤1中的蘑菇、步骤4做好的材料都放入锅中，用中火煮制7~8分钟，然后盛在盘子里，加上花茎甘蓝和荷兰芹。

主厨建议

在肉丸子的表面粘上一层面粉，当表面煎硬之后，美味的肉汁就被紧紧锁在肉丸子里面，而且在浇上沙司的时候，正好可以用来做勾芡用。通常情况下，蘑菇都需要事先煸炒一下，但是在正宗的炖牛肉中，味道比较平稳，可以直接加进去，让鲜香之味直接进到炖肉丸的汤里，可以让料理更加美味。

材料（6~7人份）

牛排肉（肉块）…………………………… 2kg
高级沙司（P44） ………………… 750ml
红葡萄酒…………………………… 750ml
色拉油………………………………… 少量
岩盐、白胡椒粉…………………… 各适量
配菜：土豆泥（P129）、水芹 … 各适量

主厨建议

最好用厚底平底锅或者长柄平底煎锅煎制牛肉，这样可以把牛肉表面煎得非常硬，即使放进温度较低的食材，温度也不会迅速下降，大火可以瞬间让表面发硬，然后美味的肉汁就被紧紧地锁在肉丸子里面。煮肉的时候可以先煮一段时间关火，等凉了后开火再煮，这样会更加美味可口。为了烹制出美味的料理，牛肉最少要用2kg。做好的料理可以冷冻保存。红葡萄酒要选择甜度较高的类型，如果条件允许，可以选择波尔多葡萄酒。

炖牛肉

用正宗的高级沙司充分炖好的牛肉，只要用筷子就可以把肉分开，非常柔软。沙司里面带有牛肉的香味，非常入味，这样的沙司有一种爽滑且特别的口感。可以事先做好了备用，还可以用来当小菜食用。

1
把牛排肉用风筝线捆绑起来（P64）。

2
把色拉油放在后平底锅中加热，然后把步骤1处理好的牛肉放进去，用大火把表面煎制发硬。

3
在厚底锅中加入高级沙司和红葡萄酒，然后放入步骤2处理好的材料，加热。

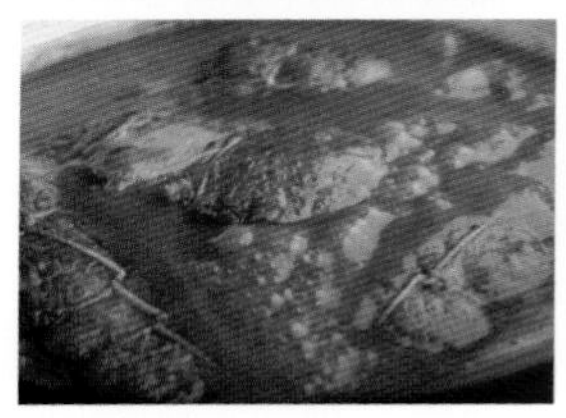

4
盖上锅盖，用小火焖煮，沸腾后调小火，再煮3分钟。水分减少之后，要把水补足。

5
当肉变软至可以把意大利面插进去的硬度时，即可停止焖煮。

6
把肉取出来，继续煮至汤呈现勾芡状。把肉上面的线解开，盛在盘子里，然后撒上岩盐和白胡椒粉等，最后浇上高级沙司即可。

肉丁葱头番茄盖浇饭

西餐厅里面最具人气的料理之一。使用高级沙司便立即变身成为大厨级美味。作为背后英雄的番茄沙司和米饭非常搭配，而且可以再现一种让人怀旧的口味。

主厨建议

作底料的高级沙司一定要事先用红葡萄酒煮制成特制沙司备用。这样的话，整个菜品的烹制时间会大大减少，洋葱也会保留着一点点爽脆的口感，和白米饭搭配在一起也色、香、味俱全。

材料（2人份）

- 牛碎肉……………………150g
- 洋葱…………………… 1/3个
- 蘑菇……………………… 5个
- 青豌豆（水煮）……… 10粒
- Ⓐ 高级沙司（P44） … 2杯
- Ⓐ 红葡萄酒………… 1/4杯
- 米饭（温热）……………400g
- 色拉油……………… 1/2大勺
- 食用盐、白胡椒粉… 各适量
- 配菜：西式酸菜……… 适量

1 把材料Ⓐ放入厚底锅中，然后煮至剩余1/3的量。

2 把牛肉切成一口大小，洋葱切成3cm宽。蘑菇纵向切成4段。

3 把色拉油放在平底锅中加热，将牛肉放入步骤1的材料中轻轻翻炒，然后加入洋葱和蘑菇。迅速翻炒之后，加入1/2小勺盐和白胡椒粉。

4 把番茄沙司和步骤1做好的材料放进步骤3做好的材料中一起炒制，然后加盐和白胡椒粉调味。

5 把米饭盛在盘子里，然后把步骤4做好的食材浇在上面，并把青豌豆也撒在上面，再加一点西式酸菜。

材料（2人份）
牛上腰肉………………… 180g
丛生口蘑、灰树花菌、刺芹、香菇…………………… 各15g
蘑菇……………………… 1个
Ⓐ
- 高级沙司（P44）…… 80g
- 生奶油 ……………… 1杯
- 番茄沙司（P54）… 70ml
- 酸奶油 …………… 2小勺
- 食用盐 ………… 1/2小勺
- 白胡椒粉 ………… 适量

色拉油…………………… 适量
食用盐、粗黑胡椒粉…… 各适量
配菜：黄油米饭（温热P158）、170g水芹、香芹（切碎末）……………… 各适量

1 把蘑菇类的菌柄头全部摘除，然后分成几段。把蘑菇和香菇切成薄片。牛肉切成2cm宽，然后撒盐、粗胡椒粉。

2 把材料Ⓐ放到碗里，混合均匀。

3 把色拉油放在平底锅里加热，把步骤1处理好的牛肉轻轻翻炒，然后取出。

4 在同一个平底锅中放入步骤1处理好的菌类，轻轻翻炒，放入1小撮食用盐、黑胡椒粉。

5 把步骤2处理好的食材放在步骤4处理好的材料里面，用中火煮到出现勾芡状。把步骤3取出来的肉再加进去，稍稍加热，然后加入盐、黑胡椒粉进行调味。

6 把黄油米饭盛在盘子里，把步骤5做好的材料浇在上面，然后把香芹撒在上面，并加上水芹。

施特罗加诺夫牛肉

这是俄罗斯的招牌料理。味道的重点在于酸奶油，可以在高级沙司的浓厚中感受到一点爽口的酸甜。

沙司材料可以按顺序添加进去，如果想制作快一点，也可以事先混合搅拌均匀。只需要轻轻焖煮，牛肉就可以非常柔软。洋葱可以清炒，以保留其清脆的口感。不同品种的蘑菇有各自不同的味道，所以尽量多添加几种菌类，味道会更加丰富！

材料（2人份）

猪里脊肉	4片（200g）
洋葱（切碎末）	4大勺
蘑菇（竖着切成4片）	8个
生奶油	1½杯
高级沙司（P44）	5大勺
全麦粉	适量
色拉油	1大勺
黄油	1小勺
食用盐、白胡椒粉	各适量

主厨建议

因为是白色的原汁煨肉，所以猪肉在煎制的时候不要煎出颜色。在猪肉上面沾一层全麦粉，这样肉汁可以牢牢锁在肉里面，蒸煮一下后取出来，稍微晾一下，肉汁稳定之后香味会比较均匀一些。和沙司混合在一起，达到温热的状态时关火，肉质松软可口。可以根据个人口味适当添加一点酸奶油，这样会更加爽口。

原汁煨猪肉

最原始的原汁炖肉是用牛奶和生奶油等加上白汁沙司一起轻轻炖制的嫩牛肉。这里我们使用的是高级沙司，可以增强肉的鲜美度和浓厚口感。和米饭非常搭配，是纯正的西餐味道！

1

把猪里脊肉的筋切开（P68步骤1），然后撒上食用盐、白胡椒粉。沾上全麦粉，把多余的面粉拍打掉，只留下薄薄的一层。

2

把色拉油和黄油放在平底锅中加热，把步骤1处理好的猪肉放进锅里，迅速将肉饼两面煎制一下后取出来，注意不要烤焦。可以不用完全煎透。

3

把洋葱和蘑菇加到步骤2的锅里面，轻轻翻炒。然后撒上1小撮盐和白胡椒粉。

4

加入生奶油，迅速搅拌至均匀。

5

加入高级沙司混合均匀，煮至沸腾。

6

把步骤2取出来的猪肉重新放进锅里，然后用中火煮制，让沙司呈勾芡状。

番茄沙司

只需要将完全成熟的番茄轻轻煮制一下，就可以制成带有大蒜和洋葱美味的沙司，也可称为干酪番茄。番茄的甜味和酸味非常明显，是没有任何其他杂质的纯沙司，可以用在炖鸡肉、那不勒斯式料理、鸡肉饭、汉堡包牛排沙司等菜品里面。

材料（做好后为0.9~1L）

- 西红柿（熟透）…… 670g（约1½）
- 洋葱（切细末）……… 90g（约1/2）
- 大蒜（蒜泥）…………………… 1头
- 月桂………………………………… 1片
- 番茄沙司（无盐）………………… 2杯
- 橄榄油……………………………70ml
- 粗盐……………………………… 1小勺

番茄的当季时间比价短，如果是不容易买到番茄的季节，可以用3罐圆番茄罐头，里面的番茄汁不要加到料理中。

主厨建议

番茄的皮和种子有种特别的美味，因此用完全成熟的番茄是最理想的。使用粗盐会融化得比较慢一些，沙司的味道也比较平和一些。建议用混合搅拌机把油和番茄混合均匀，这样可以让空气混在里面，而且可以简单的把番茄和油集中在一起。

番茄沙司的制作方式

1

把番茄切成1cm的方块。

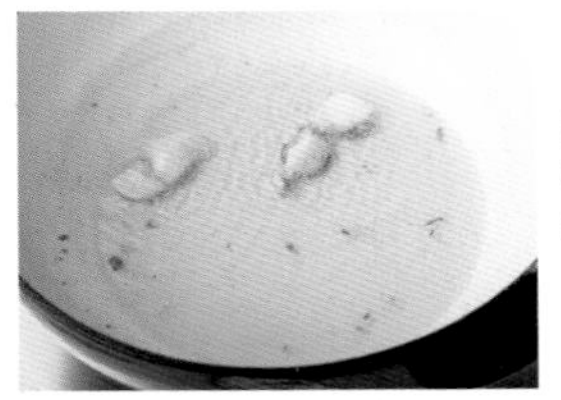

2

把大蒜和橄榄油放在厚底锅中加热，用小火把香味煸出来后取出。

3

把洋葱加到步骤2的锅中，用小火炒制，不要煸出颜色（像是用油煮制的感觉）。

4

把步骤1的番茄、番茄汁、月桂加进去，然后用中火煮制约8分钟，煮制过程中要不停地搅拌混合。

5

当开始有勾芡般黏稠感出现时，加入粗盐混合搅拌。

6

煮至粗盐完全融化、呈勾芡状时即可关火，制作完成。

材料（4人份）

鸡腿肉……………………… 500g（2根）
洋葱、胡萝卜……………………… 各150g
花茎甘蓝…………………………… 1/2个
橄榄（黑色带种）…………………… 12个
Ⓐ 番茄沙司（P54）……………… 2杯
Ⓐ 水…………………………… 1½杯
全麦粉……………………………… 适量
色拉油……………………………… 1/4杯
食用盐、白胡椒粉…………………… 适量

主厨建议

为了把蔬菜中的香味全部勾出来，一定要充分炒制。在鸡肉上撒上薄薄的一层全麦粉，然后用足量的油炸制，这样炸出来的鸡肉会非常柔软。轻轻煮制之后，蔬菜和鸡肉的香味会全部浸入沙司里面，注意不要让火候太大。如果火力过大，鸡肉会变得很硬，沙司也会有异味出现。

番茄炖鸡肉

用番茄沙司把主食材鸡肉轻轻煮制一下，这样味道会非常清爽。虽说只是简单地把食材稍微炖一下，然后和沙司混合在一起，但如果有番茄沙司，就可以很快制作完成，而且鸡肉也会非常鲜嫩柔软。

1

把洋葱切成梳子形，把胡萝卜切成5mm薄的扇形，把每一根鸡腿肉切成4段。把花茎甘蓝摘成小段，并加食用盐用水焯一下。

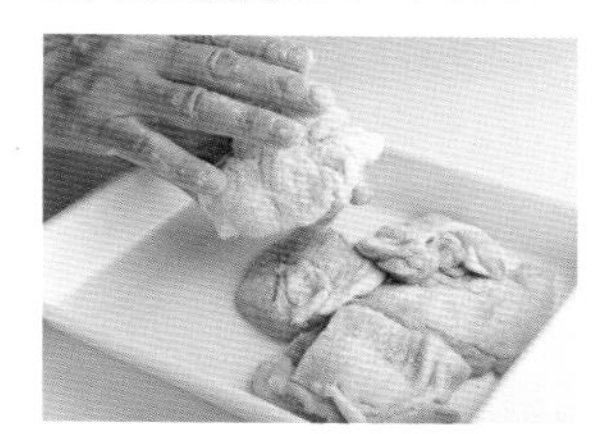

2

在鸡肉上撒上食用盐、白胡椒粉，并沾上全麦粉。把多余的全麦粉全部拍打掉，只留下薄薄的一层。

3

色拉油放入厚底锅中加热，把步骤2处理好的食材用大火煎炸。

4

当表面炸制脆硬之后，在上色之前取出来。

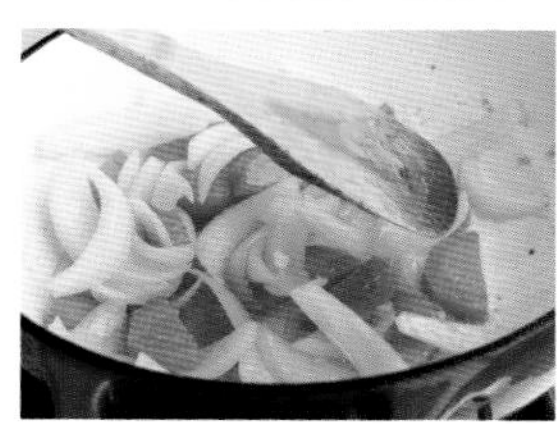

5

把洋葱和胡萝卜加到同一个锅中，然后炒到洋葱变软为止，加入1/2小勺食用盐和白胡椒粉。

6

把步骤4取出来的鸡肉再重新放入锅中，加入材料Ⓐ和橄榄，盖好锅盖，待沸腾之后改用小火，煮制大约15分钟。加入食用盐和白胡椒粉调味。盛在盘子里，把步骤1处理好的花茎甘蓝加进去。

那不勒斯式意大利面

在意大利也吃不到的西餐是那不勒斯式意大利面。必须要用调味番茄酱、甜椒、辣味沙司才能呈现出其美味。那不勒斯式意大利面将甜味和酸味结合得非常完美。

材料（2人份）

意大利面（1.6mm粗）…………………… 160g
香肠（西班牙香肠）………… 6根（140g）
蘑菇……………………………………… 6个
那不勒斯沙司…………………………… 2杯
橄榄油……………………………………1½大勺
奶酪、香芹（切碎末）……………… 各适量
食用盐、白胡椒粉…………………… 各适量

※建议使用香味比较浓重的帕马森乳酪。

1

用含盐量1%的盐水把意大利面焯一下。

2

把香肠斜着切成段，把蘑菇竖着切成4段。

3

橄榄油放入平底锅中加热，把步骤**2**处理好的材料翻炒一下，然后加入那不勒斯沙司并加热。

4

把步骤**1**处理好的意大利面放在步骤**3**处理好的食材里面翻炒，让意大利面把沙司的味道全部吸收进去。

5

加入食用盐、白胡椒调味，盛在盘子里，然后撒上奶酪和香芹。

主厨特制沙司②

那不勒斯沙司

大宫主厨在平时的料理中常备一种在番茄沙司煮制后加入辣椒粉而制成的“那不勒斯沙司”。用这种沙司做蛋包饭以及鸡肉炒饭会非常方便。

材料（大约400ml）

甜辣椒（红、黄）………… 各1/2个
大蒜（切细末）……………… 1/2头
红辣椒（去种）………………… 1个
番茄沙司（P54）…………… 1½杯
调味番茄酱……………………… 50g
橄榄油………………………… 1大勺
食用盐……………………… 2/3小勺

制作方法

① 把甜辣椒切成2cm的菱形。
② 橄榄油放入平底锅中加热，然后把红辣椒和大蒜放进去，煸炒出香味之后，改用小火翻炒。
③ 把步骤1切好的甜辣椒放进去，用小火炒至变软，然后加入番茄沙司和调味番茄酱。
④ 稍微煮制一段时间之后，加入食用盐和白胡椒粉进行调味即可。

美味诀窍

主厨建议

我当时的想法是一定要做出记忆中那不勒斯式的味道。当最后做出的口味有些不足时稍作改进，做成了现在的味道。加入少量调味番茄汁，用甜辣椒做出甜椒风味，用朝天椒提出西班牙香肠的辣味。意大利面把沙司的味道全部吸进去，让两者的风味完全融合在一起。

材料（2人份）

黄油米饭（P158）…………………… 450g
鸡腿肉…………………… 1/2只（约100g）
蘑菇…………………………………… 4个
那不勒斯沙司（P58）………………… 3/4杯
色拉油……………………………… 1大勺
全麦粉………………………………… 适量
青豌豆（盐水煮）…………………… 16粒
食用盐、白胡椒粉…………………… 各适量

※用450g的米饭和30g黄油做成黄油米饭。做法是：将黄油放在米饭上，然后放在微波炉中加热数十秒，等黄油融化之后，搅拌均匀即可。

主厨建议

制作方法1中炒鸡肉的时候，要让表面全部沾上油。然后加入各种食材继续炒制，此时不需要加热。这样鸡肉炒饭带有番茄的酸味，如果喜欢以前的那种调味番茄酱的酸味，可以在做好后再加入食用盐、白胡椒粉，同时加入调味番茄酱即可。

1

把鸡腿肉切成一口大小，把蘑菇竖向切成4等份。

2

在鸡腿肉上面沾满全麦粉，色拉油放入平底锅中加热，轻轻翻炒，当鸡腿肉表面开始发白即可停止。

3

把黄油米饭加进去，全部摊开，翻炒至水分可以充分蒸发出来。加入蘑菇、食用盐、白胡椒等一起翻炒。

4

加入那不勒斯沙司，快速搅拌混合，并翻炒至沙司里面的水分蒸发出来。加入食用盐、白胡椒粉等进行调味，然后盛到盘子里，撒上青豌豆即可。

鸡肉炒饭

决定此料理成败的关键是加沙司。米饭和沙司搅拌的速度以及用平底锅炒的速度都要快。不要让米饭把水吸进去，只要和番茄沙司充分混合即可。这样每一粒米都会和番茄沙司充分接触，使粒米干爽，不会黏在一起，之后再和柔软的鸡肉一起炒制，每一口品尝都能给您带来惊喜的。

改变形状，尝试简单的变化

可以用鸡蛋把米饭卷起来，这样就变成了蛋包饭（P144）。也可以和油炸食物以及汉堡包牛排一起搭配，做成色香味俱全的美味（P26）。

材料（2人份）

鸡蛋	2个
番茄沙司（P54）	4大勺
生奶油	4大勺
黄油	适量
食用盐	2/3小勺
白胡椒粉	少量
香芹（切细末）	适量

1 把砂锅里面涂上黄油。

2 把步骤1处理好的砂锅里面铺上番茄沙司，把鸡蛋打进去，然后把生奶油涂在鸡蛋清部分。

3 把烤箱温度调到180℃，把步骤2做好的材料上面撒上盐，然后隔水烤20分钟，不要盖锅盖。当烤到半熟的时候，撒上香芹和白胡椒粉。

鸡蛋砂锅

如果有番茄沙司，可以用来烹制。半熟的糊状鸡蛋和番茄沙司以及生奶油混在一起，非常爽口。

主厨建议

非常简单，没有特别的制作技巧。生奶油不要撒在蛋黄上，这样做出来的料理颜色会非常漂亮。因为鸡蛋处于半熟的糊糊状，所以可以在早餐时蘸面包食用。

比萨烤面包片

在厚面包片上面撒上沙司、配菜、奶酪等烤制一下，使其变身成为非常有层次感的一道小吃。比萨沙司可以只在番茄沙司里面加入一点牛至即可制成。

主厨建议

面包在放上沙司和配菜之前，先烤一下，烤成土司。番茄沙司要事先煮一下，让水分蒸发掉，这样涂在土司上面的时候才不会浸入其中，能烤制得更干爽一些。配菜也可以和其他海鲜食品搭配。由马苏里拉等多种奶酪混合而成的奶酪搭配在土司上面，会更加美味可口。

材料（2人份）

面包（4片装）………… 2片
熏猪肉…………………… 2片
甜椒……………………… 1个
蘑菇……………………… 2个
橄榄（黑色）…………… 6个
Ⓐ
- 番茄沙司（P54）…………………… 8大勺
- 牛至（干）、食用盐………………… 各1小撮
- 白胡椒粉………… 适量

手撕奶酪………………… 40g
罗勒叶…………………… 适量

1 把材料Ⓐ放在小锅里面，稍微煮一煮。

2 把熏猪肉切成1cm宽的片状，甜椒切成环状，蘑菇和橄榄切成薄片。

3 把面包稍微烤制一下做成土司，然后把步骤1做好的食材和步骤2处理好的食材全部撒在上面，最后撒上奶酪。

4 用烤面包炉烤制，当奶酪熔化上色之后，把罗勒叶放在上面即可。

大宫主厨
的亲传

1

在肉的一端系上风筝线。第一个结要把线缠两圈再打结。可以适当的把线系得紧一点。

2

把系好的线分别沿左右两个方向拉扯，为了不让线松开，可以在线扣处再打一个结。

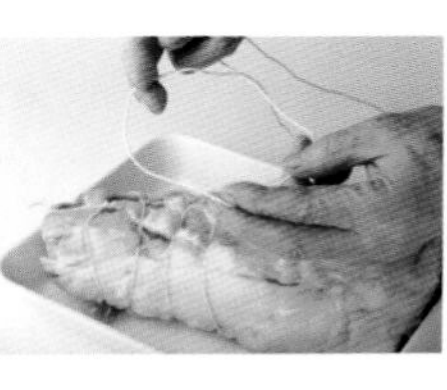

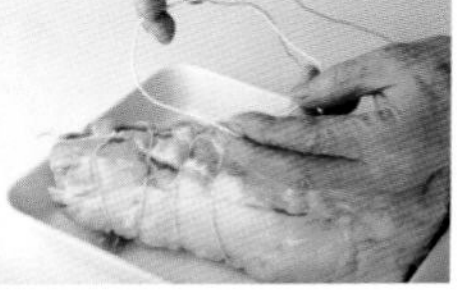

3

再打一个结，固定线扣。

4

用手握住比较长的一头的线，然后把拧起来的线交叉成一个圈。从肉的上方套下来，然后把手里的线套穿过肉系在肉上。

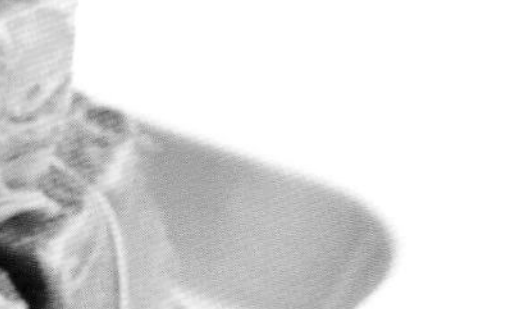

5

将穿过来的线套固定在距离第一个线扣2cm的地方，并勒紧。

6

重复步骤**4**和步骤**5**，在整个肉上缠满线套，然后在肉的下端把线系起来，并留出和肉纵方向相同长度的线，把线切断。

7

把肉反过来，把留出来的线分别在每一根横向线套上缠一圈。

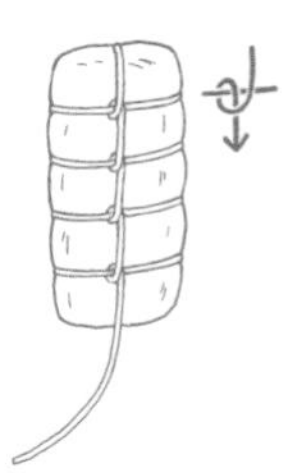

8

再把肉反过去，在第一个线扣处缠两圈，然后和另一头的线系起来。

方块肉上风筝线的捆绑技巧

方块肉在炖煮或烤制的过程中容易散开，所以会用风筝线捆绑起来。把捆绑方法熟练掌握之后，就不会在烹制的过程中出现风筝线松动或者勒在肉里面的情况，捆绑的方块肉会非常好看。

第三章

煎、炸、炖

超人气菜品的烹制教程

西餐中并没有非常复杂的烹制步骤，一般就是煎、炸、炖。正是因为烹制方法非常简单，所以每一种烹制方法都有独特的意义。非常注重味道的大宫主厨所特有的技巧和秘方大公开！如果可以掌握这三种烹制方法，你一定会成为料理达人。

煎

“煎”是最简单易行的烹调方法。可以用平底锅加热，也可以放在电烤箱中利用电烤箱中对流的气流加热，还可以用串串起来放在铁网上用火直接烤。

如果肉类或鱼类煎制过火，味道就不鲜美了。这是因为蛋白质已经变性，美味的肉汁已经流出来。肉的本身变硬，美味也随之消失。如果鸡蛋加热过度同样也会变硬。只需要把表面煎制凝固，然后把火关掉，用余温把鸡蛋煎熟，这样做出来的鸡蛋会相当美味。

煎制用具

根据食材和用途的不同，可以大体分为三类使用。

❶鱼类、蔬菜、鸡蛋、米饭、面粉等

氟树脂加工的平底锅

因为氟树脂加工的平底锅不容易把食材烤焦，所以在煎制比较细致、脆弱的食材时可以使用。因为这样的平底锅非常轻盈，所以在做蛋包饭等料理的时候，可以单手翻锅混合。操作非常简单，这也是使用方便的原因。只是使用此锅时一定要注意不能让锅干烧，以免其表面的加工材料脱落。

❷肉类（特别是非常厚的肉类）

最好是铸件平底锅

在煎制牛排或者汉堡包牛排等肉质比较厚的肉类的时候，推荐用此种锅。用大火加热也不会把肉烤焦，因为锅非常厚，并且是用蓄热性较好的材料制成的，所以温度降得也很慢。当把肉放进锅里之后，不需要翻动。只需要将两面快速烤制成熟即可，任何肉类都能烹制出美味佳肴。如果是薄肉片，也可以用①介绍的氟树脂加工的平底锅加热煎制。

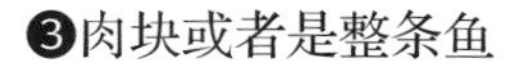

❸肉块或者是整条鱼

电烤箱

加热时热量会在电烤箱里整体循环，这样可以全方位的对食材进行烤制。电烤箱里面是密封的，像蒸桑拿一样，空气在密闭的空间里对流，形成一种蒸煎的状态，能让食材变柔软。大块的食材也可以烤透，而且烤制得非常均匀。特别是烤制肉块或整条鱼的时候，电烤箱非常适合。当聚会的时候，如果用电烤箱煎制，可以一次性将全部人员的食物煎制成熟，这是一个秘密法宝。

将整个食材烤制均匀的办法

用平底锅煎制的时候，大宫主厨的诀窍就是在煎制过程中多次把食材铲起来，让食材下面的油转一转。由于食材本身的重量，油会从旁边流出来，这样转一转的话，油就会重新沾在食材上，这样就可以毫无遗漏地把整个食材煎制均匀，不会遗漏任何地方。前后晃动平底锅，也会达到相同的效果。

用余热完成整个食材的烹制

如果精心准备好的食材被煎制过火，食材就会变硬，口感变差，有没有可以让肉质松软的诀窍呢？如果肉类或者鱼类煎制的时间过长，导致美味的肉汁全部流出来，食材本身就会变硬，失去原有的鲜香。因此，可以只将表面煎制凝固，放在温热的地方2~3分钟，用余热轻轻煎制食材，直到将食材里面煎制成熟。实际操作中，可以在做配菜或者沙司的空闲中，用衬垫把肉取出来，放在事先温热的电烤箱中即可。当挤压肉类时有透明的肉汁流出，说明已经做好了。有些人可能会为了防止肉变凉而给肉盖上锅盖，这是不可以的。盖上锅盖，肉汁会被挤出来。

1

把猪肉的筋肉切断。在白肉和红肉连接的部分切出豁口，切出的豁口仅是肉片厚度的一半即可。两面要相互交错着切。

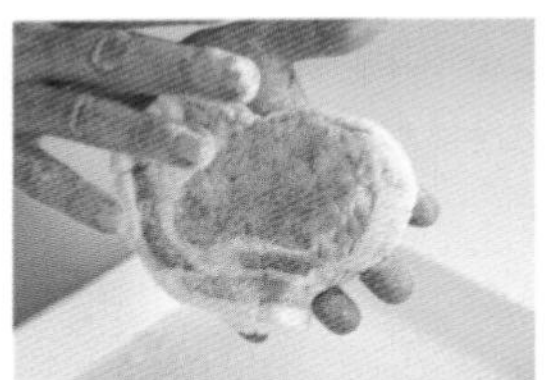

2

撒上食用盐和白胡椒，沾上全麦粉，并把多余的全麦粉全部拍打掉。

3

色拉油放入平底锅中加热，放入猪肉，煎制到颜色恰到好处为止。一定要时常把肉铲起来，让肉下面的油转一转，这样才能煎制均匀。

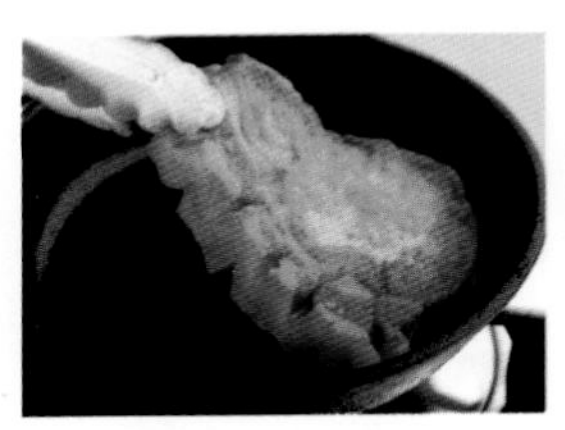

4

把肉翻面，然后煎制成相同的颜色。

5

用厨房用纸把表面的油拭去，然后放在衬垫上，在温热的地方晾1~2分钟。只要肉饼表面有肉汁浸出来就煎制好了。

6

把沙司放在平底锅中加热至沸腾，然后把猪肉放进去，快速翻炒混合均匀。把猪肉放在盘子里，把沙司里面加入黄油并用打泡器混合，然后浇在猪肉上面。最后把配菜洒在上面。

姜汁煎猪肉

将厚的猪里脊肉两面煎制上色之后，就变成美味可口的肉饼了。如果把姜汁和苹果一起混合做成的酸甜爽口的沙司和肉饼混合在一起会非常入味，相信您一定会将美味的姜汁猪肉一扫而空的！

材料（2人份）

猪里脊肉（1.5cm厚，150~200g）……2块
全麦粉……适量
色拉油……1½大勺
姜汁沙司……1/2杯
黄油……20g
食用盐……1/2勺
白胡椒粉……适量
配菜：土豆蛋黄酱（P128）、水芹……各适量

主厨特制沙司③

姜汁沙司

苹果汁为底料的酸甜沙司中，姜汁的辛辣和香味会非常突出。只需要这两种原材料就可以做出非常美味的沙司，而且两种材料搭配起来非常完美。沙司和白肉非常搭配，可以用在鸡肉料理中。

材料（做出的量约300ml）

苹果汁（纯果汁）……1杯
白葡萄酒……75ml
生姜（切细条）……15g
生姜榨汁……1勺
大蒜（蒜泥）……1/2小勺
酱油……1/3小勺

制作方法

把所有材料加在锅里，用中火加热，煮沸1~2分钟。

主厨建议

煎制猪肉的动作一定要迅速，以免过火。当关火晾肉的时候，可以直接放在衬垫上，然后放在多功能烤面包器上面，把开关打开，这样一般可以达到想要的温度。利用余温可以把肉从外向内煎制成熟。如果不想加入过多添加有黄油的沙司，可以在做成的时候加入一些淀粉，勾芡效果也是不错的。

1

在鸡腿肉的两面撒上食用盐和白胡椒粉。

2

沾上全麦粉，把多余的面粉拍打掉，使鸡腿肉上沾满一层薄薄的面粉。

3

色拉油加入平底锅中，把鸡肉带有皮孔的一层先放在贴近锅底的一面，由小火到中火调整火力。

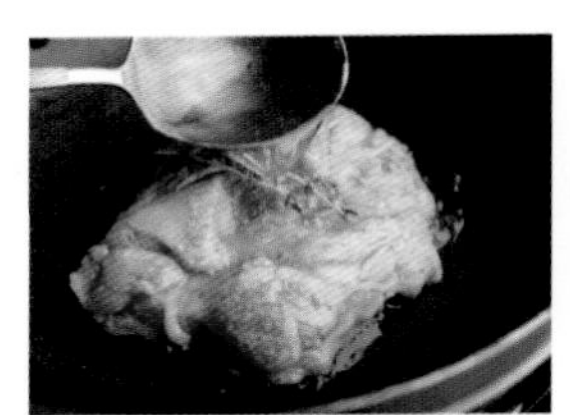

4

撒上迷迭香，用勺子浇上油。间歇着把油浇在上面，火力要小一些。当鸡皮变得酥脆、上色之后，翻面。

5

把带有鸡皮的一面也浇上油，并时不时地把鸡肉铲起来，让鸡肉下面的油转一转使油均匀一点，以达到均匀加热。

6

用厨房用纸把肉表面的油拭去，放在温热的地方晾1~2分钟。当可以压出透明的肉汁时，就算制作完成了。盛在盘子里之后，把番茄奶油沙司一起浇在上面。

煎鸡肉

鸡皮非常香脆，鸡肉柔软可口，非常成功！如果鸡肉煎制过火会变硬，一定要边在鸡肉上面浇油边慢慢煎制，这样火力不会太大，这是煎制的重点所在。迷迭香的香味也弥漫在整个鸡肉里面，和餐厅里的料理一模一样。

材料（2人份）

鸡腿肉	2根（约500g）
迷迭香（生）	2枝
番茄奶油沙司	3大勺
全麦粉	适量
色拉油	3~4大勺
食用盐	1/2小勺
白胡椒粉	适量

美味诀窍 主厨建议

在煎制的过程中最主要的是油量要充足。因为不会将所有的油都吸收进去，所以不用担心会摄入过量的卡路里。如果锅里加热的油非常多，当鸡肉加进去时，油温不会立即下降，加热很短时间就可以把鸡肉煎制成熟，而且不会过火，非常美味可口。

主厨特制沙司④

番茄奶油沙司

番茄的酸味中带有生奶油的浓厚醇香，可以和任何菜品相互搭配使用。沙司可以搭配意大利面或饺子，涂在吐司面包片上也非常美味。

材料（做成之后的量约80ml）

番茄沙司（P54）	60ml
大蒜（切碎末）	1/2小勺
生奶油	2小勺
黄油	2小勺
食用盐、白胡椒粉	各少量

制作方法

把黄油和大蒜加到小锅里面，加热后煸出香味。加入番茄沙司和生奶油，混合搅拌均匀，加热至呈现勾芡状。最后加入食用盐和白胡椒进行调味。

材料（2人份）

生牛上腰肉（100g）…………………… 2片
色拉油……………………………… 1大勺
食用盐……………………………… 2~3小勺
黑胡椒粉………………用磨胡椒粉的研磨器转20圈的分量
芥末粒……………………………… 2小勺
配菜：土豆蛋黄酱（P128）、水芹……………………………………各适量

主厨建议

煎肉的理论很简单，除了薄肉片以外，其他的全部可以放在平底锅中煎制。煎制成熟之后，在做沙司或配菜的时候可以把肉放在温热的地方，用余热把肉烤制柔软，这样可以从外向内地把肉煎透，而且肉中的肉汁也会非常鲜嫩。再用平底锅把油加热，放入少量白肉，多放点红肉，这样可以调节脂肪的含量。

煎牛排

当煎制得酥脆的表面与肉中的脂肪和肉汁满溢唇齿之间时，这就是西餐“煎牛排”的美味所在。这样大厨级的美味也可以在家中呈现，接下来将为您介绍一下制作方法。最后撒上黑胡椒粉，美味会更上一层楼。

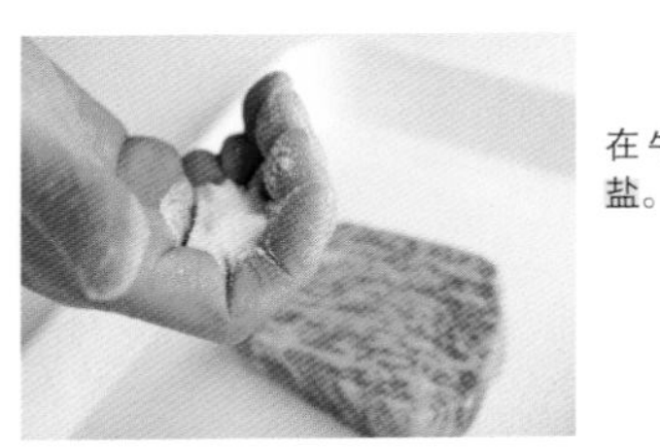

1

在牛肉表面撒上足量的食用盐。

2

在牛肉两面撒上足量的黑胡椒粉。

3

用大火加热厚底平底锅，等有少量烟冒出来的时候，加入色拉油。

4

把步骤2处理好的牛排放入锅中，注意一定要先把装盘时朝上的一面贴在锅底上。

5

不要晃动平底锅，时常把肉铲起来，转一转油，大约煎制2分钟即可。

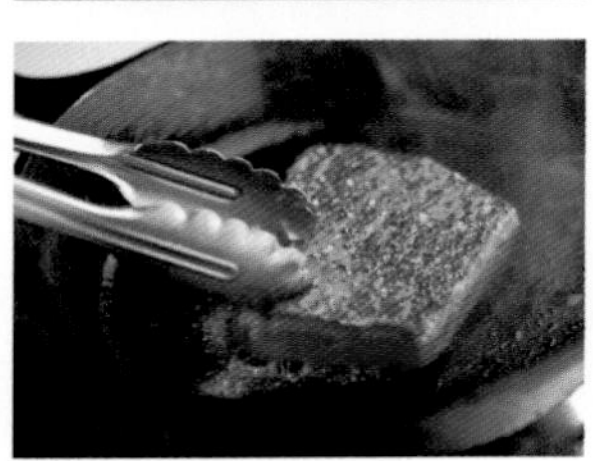

6

把肉翻过来，让另一面也煎制上色，然后把火关掉，放在锅里温热1~2分钟（如果肉片薄，可以直接取出来）。盛在盘子里，撒上芥末粒。

材料（2人份）

猪里脊肉（60g）…………………… 4片
鸡蛋…………………………………… 1个
奶酪…………………………………… 20g
香芹（切碎末）…………………… 1小勺
全麦粉……………………………… 适量
色拉油……………………………… 2大勺
黄油………………………………… 1大勺
食用盐、白胡椒粉………………… 适量
配菜：混搭沙拉（P116）、番茄（切长条）
…………………………………… 各适量

※如果可以买到嫩牛肉，做出来的肉会更加柔软、美味。也可以用牛肉代替。

主厨建议

这是最近逐渐淡出人们视线的一道菜。只要用家里的材料就可以做出老少皆宜的美味。要用意大利进口的帕玛森乳酪研磨制成的奶酪，香味和美味会完全不同。现在也可以直接买到奶酪。

嫩煎小猪肉片

嫩煎小猪肉片就是用奶酪调出醇厚的调味汁，加入鸡蛋，在肉上涂满鸡蛋，并用黄油煎制。煎制成金黄色的猪肉看上去非常有食欲，吃起来会非常柔软可口。但是鸡蛋容易烤焦，所以要用中火进行煎制。

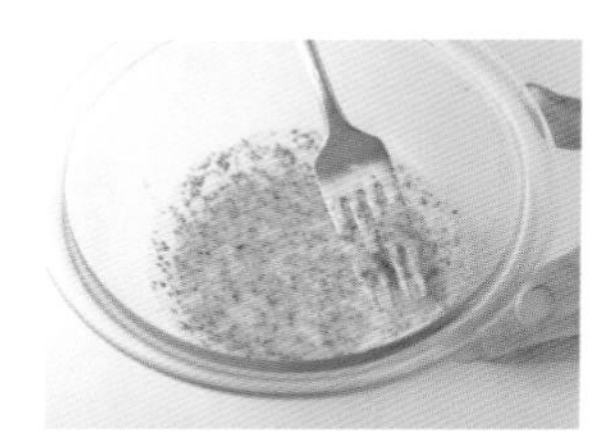

1

将鸡蛋打散，放入奶酪和香芹后搅拌均匀。

2

在猪里脊上撒上食用盐、白胡椒粉，并沾上全麦粉，把多余的面粉拍打掉。

3

色拉油放入平底锅中，用缓中火轻轻加热，加入黄油。把步骤1中处理好的材料沾满步骤2中处理好的肉片上。

4

慢慢加热至面衣周围有泡泡出现，并保持这样的状态。经常性地把肉铲起来，让肉下面的油转一转，这样加热才会均匀一些。

5

当面衣周围变成金黄色之后，将肉翻面。

6

按照同样的方法把另一面煎至上色。然后用厨房用纸把肉上面的油拭去，盛在盘子里，把配菜加进去。

材料（2人份）

鲑鱼切片…………………………………… 2片
罗勒沙司…………………………………… 1大勺
全麦粉……………………………………… 适量
色拉油……………………………………… 1½大勺
黄油………………………………………… 2小勺
食用盐、白胡椒粉………………………… 适量

※也可以用马苏大马哈鱼、鲷鱼、牙鲆、鲈鱼、舊鲉等上品美味的鱼类制成面拖料理。

主厨特制沙司⑤

罗勒沙司

罗勒清爽、淡淡的香味加上松子以及奶酪的醇厚，造就了美味的罗勒沙司。和鲑鱼以及所有白肉鱼搭配起来都很合适。可以在冰箱冷冻室中储存一个月。可以将平时摘取的罗勒收集起来做成罗勒沙司。建议选用帕玛森奶酪。

材料（做出来的量大约是200ml）

罗勒叶子………………………… 2包（约50片）
松子……………………………………………… 5g
奶酪…………………………………………… 1½大勺
橄榄油………………………………………… 150ml
食用盐、白胡椒粉……………………… 各适量

制作方法

把所有的材料放进电动式食品粉碎搅拌机中打成糊状。

1

把鲑鱼上面撒上食用盐和白胡椒粉等，然后沾上全麦粉等，并将多余的面粉拍打掉。

2

将平底锅加热，然后加入色拉油和黄油。把步骤**1**的鱼皮放在朝下的一面，把平底锅斜着端起，让鱼皮贴在锅的侧面，将鱼皮煎制酥脆。

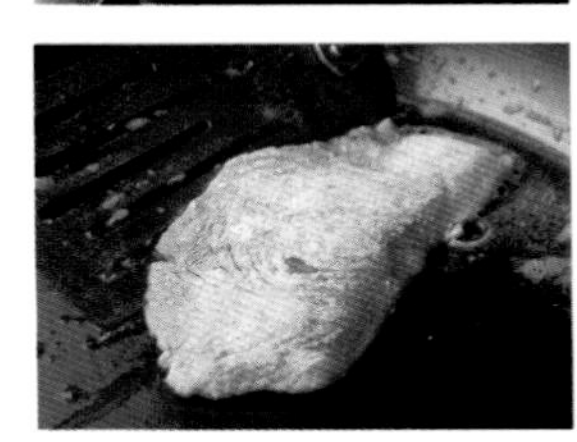

3

煎制鱼肉。不时地用锅铲将肉铲起来，让油在下面转一转，并轻轻煎制到上色，然后再翻面煎制。

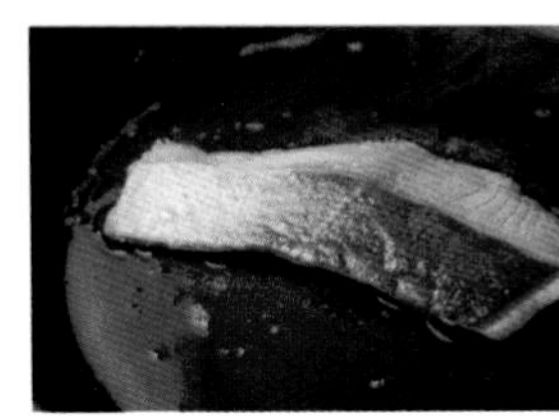

4

当另一面也煎出颜色之后，把温热的罗勒沙司浇在盘子里面，然后把鲑鱼盛在里面。

面拖鲑鱼

用黄油煎制沾上小麦粉的食材称之为面拖料理。面粉可以形成保护膜，能将鲑鱼的美味和水分紧紧锁在里面，煎制好的菜品非常湿润，不干燥。把肉放在油中快速煎制，这样鱼皮会非常酥脆。

主厨建议

如果鱼煎制过火会失去鱼原本的美味。加热时的温度越高，美味的水分越会大量溢出。只要将表面煎制成熟即可，然后用余热把里面的鱼肉煎制成熟。这次我们把餐厅里常用的罗勒沙司撒在上面，可以用鞑靼沙司酱（P102）。

面拖牙鲆

上乘的白肉鱼和黄油搭配起来非常完美，如果再浇上美味的沙司，只需要简单的味道就可烹制出美味菜品。在此用的是牙鲆。焦黄油的香味、刺山柑的美味以及沙司的酸味可以让您美美地享受这一料理。

主厨建议

牙鲆比P77的鲑鱼更薄，含水量更多，更容易受热，所以只要将两面迅速煎制成熟即可。根据不同的厚度，一面煎制30秒钟即可。在做焦黄油的时候，黄油有可能会飞溅，一定注意。

材料（2人份）

牙鲆切片…………………… 2片

沙司

- 黄油……………………… 80g
- 番茄（切方块）……… 40g
- 洋葱（切碎末）……… 20g
- 醋腌水瓜柳…………… 20g
- 柠檬汁………………… 1/3个
- 香芹（切细末）…… 少量

全麦粉…………………… 适量

色拉油……………… 1½大勺

黄油…………………… 2小勺

食用盐、白胡椒粉…… 适量

配菜：面拖土豆（P96的制作步骤1~3）、香芹（切碎末）………………… 各适量

1 在牙鲆上面撒上食用盐、白胡椒粉，并沾上全麦粉。把多余的面粉拍打掉。

2 平底锅稍稍预热，将黄油和色拉油加入锅中。把步骤1处理好的牙鲆放进锅中，等上色后翻面。将另一面也迅速煎制之后，放在温热的地方，直到把沙司做好为止。

3 把步骤2的平底锅用厨房用纸擦拭干净，然后把做沙司用的黄油加进去，一边翻动一边加热。

4 冒泡之后，继续翻动。当泡沫变少并开始出现焦色的时候，将剩余的沙司材料放进去，并加入盐和白胡椒粉。

5 把步骤2做好的牙鲆盛在锅里，然后把步骤4做好的沙司浇在上面，要多浇一些。

材料（2人份）

鲈鱼切片（100g）……… 2片

蘑菇（切薄片）………… 2个

Ⓐ
- 洋葱（切碎末）…… 20g
- 白葡萄酒………… 70ml
- 水………………… 60ml

白葡萄酒醋………… 1⅓大勺

黄油※1……………………… 50g

细香葱※2…………………… 10g

淀粉……………………… 少量

食用盐………………… 1/2小勺

白胡椒粉……………… 适量

※1 一般使用的是冷藏食品，所以在称重之前先放在冰箱里面，待使用时再拿出来。

※2 可以用万能的洋葱来代替。尽量用细的。

1 在鲈鱼上面撒上食用盐和白胡椒粉。

2 把材料Ⓐ放进锅中，在锅的中间放上蘑菇。把步骤1处理好的食材放在上面，然后把锅盖盖上，用大火加热。

3 当沸腾之后，改用中火，蒸煮4~6分钟。当呈现半熟状态时把鱼取出来，放在温热的地方，直到沙司制作完成。

4 在步骤3蒸出来的汤汁中加入白葡萄酒醋，然后用水（非备用水）把淀粉溶解并加进去，用打泡器迅速将其搅拌均匀。

5 把火稍微关小一些，加入黄油，用打泡器迅速搅拌，使其混合均匀，并呈乳化的状态。然后加入细香葱，稍微煮一段时间。把汤汁放进盘子里，并把步骤3蒸好的鲈鱼放进来。

白葡萄酒蒸鲈鱼

加入少量水后盖上锅盖，让整个锅里形成一种焖蒸的环境，然后用火慢慢加热食材，此为蒸煮法。

这样可以把容易烹制发硬的鲈鱼煮制柔软。如果用蒸出来的汤汁调配沙司，味道更是一绝。尽情享受这一美味佳肴吧！

主厨建议

把鲈鱼放在蘑菇的上面，这样热量不会直接通过锅底传到鱼肉上，水蒸气可以上下循环，使整个鱼可以均匀受热。勾芡均匀、口感平滑的沙司是用鱼的汤汁和黄油迅速混合搅拌制成的，如果呈现乳化的状态，那么沙司就算大功告成了。秘诀在于黄油是否冷冻，一定要用冷冻黄油。如果使用常温黄油，黄油在乳化之前就已经完全融化了，这样就和汤汁分离了。沸腾也可能导致分离现象的产生，所以一定要用中火或者小火加热。

材料（2人份）

鸡蛋	6个
生奶油	1⅓大勺
色拉油	2大勺
黄油	2小勺
食用盐	约1小勺
白胡椒粉	磨胡椒器转6圈的分量

主厨建议

1人份就需要3个鸡蛋吗？很多人会有这样的想法，但这是最方便烹制的量。如果用两个鸡蛋，就会很快凝固，半熟的状态下加热，鸡蛋里面的甜味不容易出来。4个鸡蛋的话量太大。诀窍在于用18cm的平底锅，鸡蛋最适合用这样尺寸的锅煎制。

纯煎蛋饼

这种做法可以简单而直接地品尝到鸡蛋的美味和甜味。表面柔软凝固，中间呈现半熟的黏稠状，这是最理想的火候。让鸡蛋上面沾满热油，迅速搅拌混合。

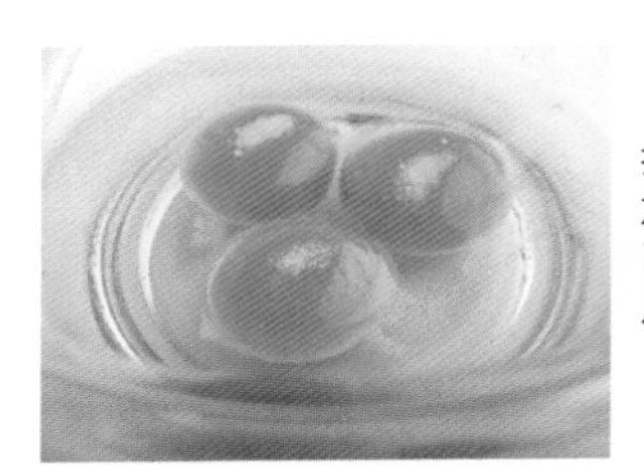

1

把3个鸡蛋打进碗里，然后把盐加到鸡蛋黄上面，最好按照自己的个人喜好来添加适量的食用盐。

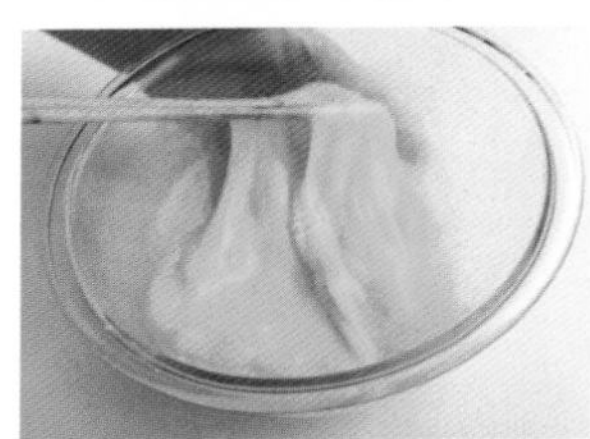

2

把准备好的生奶油、白胡椒粉各放一半。用筷子混合均匀，打出黏性。

3

平底锅充分加热，将一半的色拉油、黄油加到锅里面，然后把步骤**1**打好的鸡蛋倒进锅里。

4

用左手摇平底锅，右手拿锅铲迅速转动混合鸡蛋液。把鸡蛋从平底锅的边缘铲到锅中间。

5

当鸡蛋液的边缘部分开始凝结之后，把平底锅偏向一侧，然后逐渐把鸡蛋饼翻过去。

6

用左手抬起平底锅，右手轻轻敲打锅柄，把鸡蛋饼翻个，然后一点点地把鸡蛋饼的形状整理出来。盛在盘子里面，把鸡蛋饼翻过来放。另一份按照相同的方法做好。

鸡蛋和任何食材搭配都非常合适。鸡蛋可以迅速和其他食材的味道混合在一起，是用途非常广泛的一种食材。只需要在简单的纯煎蛋饼里面加入自己喜欢的食材，即可让整个料理呈现另一番风味。在此介绍两种变异延伸菜品。

变异煎蛋卷

蘑菇煎蛋卷

西餐的美味调料和蘑菇让鸡蛋更加鲜香味美。

1 在平底锅中放入2小勺黄油和大蒜加热，然后加入蘑菇、食用盐、白胡椒粉（备用外）等，翻炒。

2 把鸡蛋和生奶油、食用盐放进碗里，再加入白胡椒，充分搅拌均匀。然后把步骤1做好的食材一起放进去混合搅拌。

3 接下来的方法和纯煎蛋饼（P80）的制作步骤3～6相同，每次煎制1人份的量。

材料（2人份）

鸡蛋……………………… 6个
蘑菇※（纵向切成4等份）
………………………… 8个
大蒜（切碎末）……… 1头
生奶油……………… 2小勺
色拉油……………… 2大勺
黄油………………… 4小勺
食用盐…………… 约1小勺
白胡椒粉……………………
………磨胡椒器转6圈的份量

※也可以用水分含量较少、味道鲜美的丛生口蘑、刺芹等。

番茄沙司煎蛋卷

鸡蛋调味料是番茄奶酪，加热之后会有酸甜的味道。

1 把小番茄纵向切成4等份。

2 把鸡蛋和食用盐放进碗中，加入白胡椒粉，充分搅拌混合均匀。把手撕奶酪也加进去混合。

3 下面的方法和纯煎蛋饼（P80）的制作步骤3～6相同，每次煎制1人份的量。

材料（2人份）

鸡蛋…………………………6个
小番茄…………………… 2½个
手撕奶酪……………………20g
黄油……………………2小勺
食用盐…………………1小勺
白胡椒……………………
………磨胡椒器转6圈的份量

蒸蛋

隔水蒸，用文火慢慢加热，鸡蛋会非常柔软，口感非常爽滑。虽然已经蒸熟，但是吃上去完全和生的一样，非常香甜可口。

材料（2人份）

鸡蛋……………………… 6个
黄油…………………… 2大勺
生奶油………………… 2大勺
食用盐、白胡椒粉……… 少量

1 把锅里的水煮沸，保持微微沸腾的状态。

2 把鸡蛋、生奶油、食用盐、白胡椒一起放在和锅尺寸差不多大的碗里搅拌均匀，加入黄油，放在步骤**1**煮沸的锅上。

3 用锅铲混合搅拌并加热。在搅拌过程中一定要将粘在碗边缘的鸡蛋刮下来，不要让鸡蛋凝结成块。

4 当鸡蛋整体都温热至呈现出勾芡的状态时，从锅中把碗拿出来，继续搅拌，用余热把鸡蛋加热出勾芡的状态。

主厨建议

建议使用金属材质的碗，这样做起来会更快一些。但鸡蛋在70℃左右时会迅速凝固，所以一定要时刻关注鸡蛋液的状态，确保做出来的鸡蛋成勾芡状。也可以在平底锅中用小火慢慢加热，用隔水蒸的方法可以确保万无一失。

材料（2人份）

鸡蛋…………………………2个
火腿…………………………2片
色拉油……………………2大勺
食用盐……………………适量

1 把色拉油放在平底锅中加热，将火腿的两面迅速煎制一下。

2 把鸡蛋打在锅里，撒上盐，用小火煎制。

3 当蛋清整体都变白，透明的蛋清全部消失之后即可出锅。

火腿鸡蛋

用小火煎制，当蛋清全部变白，蛋黄还处于糊状时即可出锅。把沙司浇在蛋黄上，火腿和蛋白吃起来也非常美味。

主厨建议

煎制的时候不要盖锅盖。如果盖上盖，食材中的水分会在锅中形成蒸汽，这样就变成了蒸煎，鸡蛋中会含有水分，吃起来口感会大打折扣。如果鸡蛋迅速遇热，会立即凝结并烤焦。特别是蛋清，如果烤焦了会有焦味，一定要专心烹制，并且火力一定要小。

熏肉蛋

半熟的鸡蛋加上酥脆的熏猪肉是非常完美的搭配。把低温的油从上往下浇，然后再加热，这样食材会非常柔软，也会更加入味。

主厨建议

在出锅时放进去的黑胡椒是调味的关键所在。加入黑胡椒后，鸡蛋浓厚的香味也会被勾出来。和熏猪肉搭配也非常合适！

材料（2人份）

鸡蛋…………………………4个
熏猪肉（切薄片）………4片
色拉油………………4~5大勺
食用盐…………………1小撮
黑胡椒粉………………适量

1 把熏猪肉切成3等份。平底锅加热，把熏猪肉放进去，用小火加热，当两面全部煎制酥脆即可关火。

2 用另一个平底锅把色拉油加热，然后把鸡蛋打进去。用小火加热，等蛋清周围出现小泡泡的时候，用锅铲在上面一边浇油一边加热。

3 当蛋清全部变成白色、蛋黄发白之后，停止加热。

4 把鸡蛋取出来，用厨房用纸把油吸去，放在盘子里，把步骤1做好的熏猪肉放在上面，撒上盐和足量的黑胡椒。

材料（比较容易操作的量7~8人份）

5：5的汉堡包牛排材料（P17）………同量

Ⓐ
- 扁豆（焯水切成1cm宽）………… 30g
- 花茎甘蓝（切1cm方块并焯水）… 30g
- 胡萝卜(切1cm小方块并焯水) …… 50g
- 松子（生）………………………… 20g
- 全麦粉、色拉油………………… 各适量
- 芥末粒……………………………… 适量
- 配菜：水芹………………………… 适量

主厨建议

为了让食材充分混合，一定要煮至柔软，这样制作汉堡包牛排的材料也可以直接食用。蔬菜在肉的表面会容易脱落，所以在制作成形的时候，一定要将蔬菜放在肉的里面，用肉包好，然后把肉的表面压平。沾上全麦粉后用高温烤制，表面会迅速凝固，这样美味就不会流失，口感也会很好。当烹制好之后，可以稍微冷却一下再切，这样会比较好切一些。

牛肉糕

在汉堡包牛排里面加入足量的蔬菜，然后用烤箱烤制。因为是5：5的调配比例，所以即使外面烤制的非常脆，里面也会非常柔软。因为是一次性烤制完成后切段装盘的，所以多人一起用餐时也会应付自如。这是一道非常棒的菜品。

1

和焖煮汉堡包牛排（P17）相同。先准备汉堡包牛排的材料，并把冷藏好的材料Ⓐ混合进去。放在生菜板上，和做汉堡包牛排（P15步骤4）的方法相同，用刀腹把肉压平，赶出里面的空气。

2

用刀从旁边把肉饼翻动多次，做成圆柱形。

3

用刀腹把露出来的蔬菜压到肉里，再把表面摊平，让表面平滑细腻。

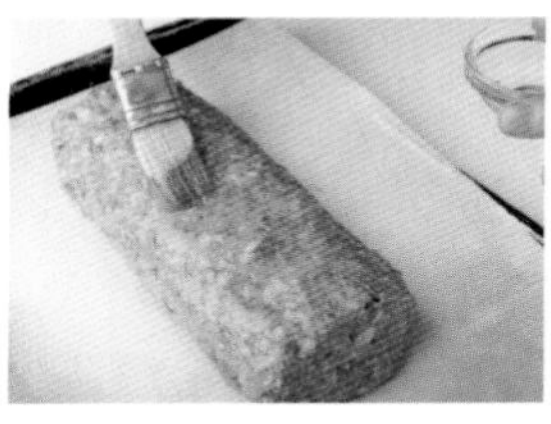

4

在菜板上铺上烤箱专用垫，把步骤3做好的食材放在上面，然后在整个肉上面涂上色拉油。

5

用茶叶篦子等在上面撒足全麦粉。

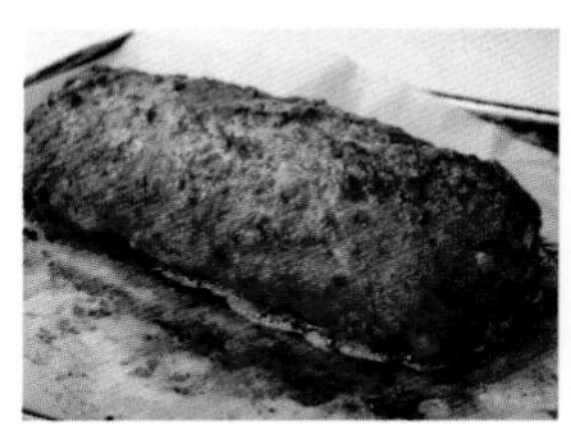

6

放在温度调至220℃的烤箱中加热10~15分钟，然后下调到180℃继续烤制25~30分钟。当热量基本散去之后，切成2cm的小段，盛在盘子里，撒上水芹、芥末粒等配菜。

材料（容易操作的分量）

小鸡		1只
Ⓐ	百里香（生）	2片
	迷迭香（生）	1片
	大蒜（蒜泥）	1头
食用盐		12g
白胡椒粉		适量
芥末粒		适量
配菜：香芹、绿色瓜尔豆		各适量

烤鸡

鸡皮非常光滑，烤制后鲜香多汁，非常美味。在圣诞节等聚会的时候可以做一个这样的烤鸡，操作步骤非常简单，只需要将鸡放在烤箱里面，然后放一点盐、白胡椒粉、香草等调味即可。一定要尝试一下！

1

在鸡脖子两边分别切上一刀，然后用剪刀把鸡头剪掉，用鸡皮把切口包起来。

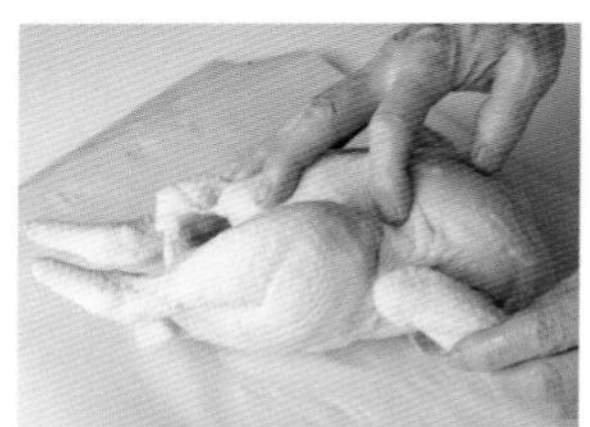

2

把鸡翻过来，左右两个鸡翅全部别到身子下面。

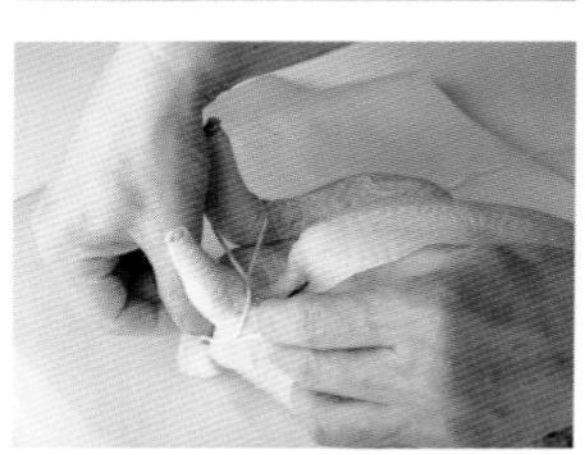

3

用1mm粗的风筝线的中间部分把鸡腿绑起来，用“8”字形绑法。

4

两手分别在两边把风筝线拽紧，至大腿根部时把线折回去。

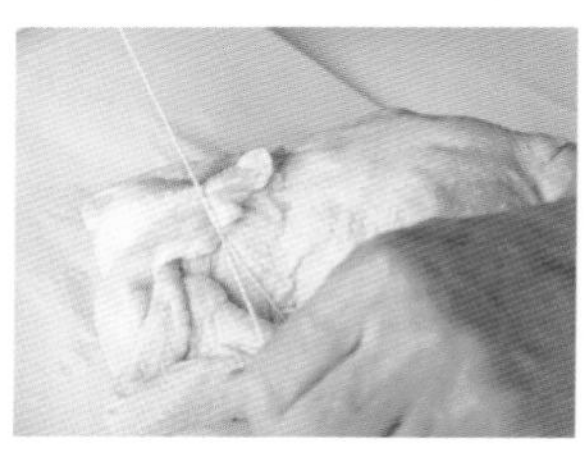

5

把风筝线在步骤**1**的鸡皮处打结系好。

6

然后再翻过来，将整个风筝线全部系好。

主厨建议

最开始的时候用高温加热，让整个表面全部凝固，然后再用低温慢火蒸煎，这样做出来的鸡会非常柔软可口。表面比较容易烤焦，而且大腿根部烤制时间需要长一些。当然，这些地方可以涂一些油，这样烤起来会比较均匀。用风筝线绑起来，当烤制完成取出来的时候，鸡翅和鸡腿不会掉下来，形状也会好看一些。

接下页▶

7

在鸡的腹腔放2g盐和白胡椒粉，然后把食材❹放进去。

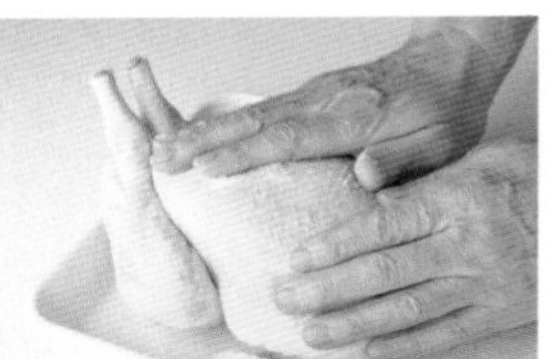

8

在鸡的表面整体涂上10g盐，放置30分钟以上。然后把烤箱预热到250℃。

9

把步骤8处理好的鸡放在烤箱中烤10~20分钟，烤制出焦黄色，然后把从鸡肉中浸出来的油全部浇在鸡上。将烤箱温度下调到180℃~190℃，再烤制3分钟，然后一边在朝上的一面和鸡大腿处浇油一边烤制，大约20分钟即可出炉。

烤箱的正确使用方法

烤制料理时只要放在烤箱里面就万事大吉了，非常方便。根据烤箱的不同，制作方法也略有差别。烤箱分为电烤箱和煤气烤箱两种，电烤箱的温度比煤气烤箱的温度要稍微低一些，最高温度一般在250℃左右。根据开关控制温度变化，而且温度变化可以非常大，所以在预热时可以设定成高温，然后开始烤制，待温度稳定下来之后再下调温度即可。相反，煤气烤箱的火力比较大。但两种烤箱都需要预热。本书烹调法中使用的烤箱所设定的温度都是电烤箱的温度。

烤鸡的切分方法

完美切分一只鸡的关键点有两个。一是把鸡腿根部的关节切开，因为是软骨，可以用刀子找到柔软的骨头，然后用力切开。另一个是沿着背骨两侧分别切一刀，这样就可以将鸡肉和骨头完全分离。

1

用叉子压着鸡腿，然后用刀子把鸡大腿根部的关节切开，如此将鸡腿上的肉切分下来。

2

中间沿着背骨的两侧用刀切开，把鸡胸肉切分下来。

切分装盘

鸡腿肉带有脂肪，非常柔软，鸡胸肉发白，嚼起来非常有味道，两个部分的口感是不一样的。可以按照人数分成不同的块数。切分的时候注意两个部分的均衡，让每个人都品尝到。把鸡腿肉和鸡胸肉盛装在一个盘子里，然后撒上绿色瓜尔豆和芥末粒。

剩余的骨头可以和吃完之后的骨头一起做成简单的清汤（P114）。从骨髓里面析出的美味可以做成非常鲜美的清汤。

烤牛肉

吃起来非常过瘾的烤牛肉，美味来源于烤制加工而出的香味。牛肉的表面已经烤出焦色，中间的肉呈现淡红色，这是纯正的烹调法所烹制而成的美味。作为最重要的主菜，你可以大口品尝，尽情享受。

材料（容易操作的量）

牛上腰肉（肉块）………………1.2kg

肥肉[※1]……………………………适量

粗盐、粗黑胡椒粒、芥末粒、辣根[※2]（研磨）………………………各适量

配菜：土豆蛋黄酱（P128）、水芹……………………………………各适量

※1 牛上腰肉带着的肥肉不够，需要再准备一些。在精肉店里可以买到。

※2 如果有，西式芥末。可以添加一些（用芥末也可以）。

理想的烤牛肉料理非常美味，而且牛肉整体呈现淡红色。把切下来的肥肉放在牛肉上面一起烤制，表面颜色会非常漂亮，而且会更加美味可口。刚烤出来的牛肉如果立即吃，会出来很多肉汁，需要先晾一下。肉和肉汁相对稳定之后，里面的颜色也变得非常美观，热量也比较均匀一些。因为是以吃肉为主的料理，所以与其用肥肉较多的牛肉，不如用香味更加浓厚的瘦肉。

1

把牛肉上面的肥肉切下来，全部铺在瘦肉上面。

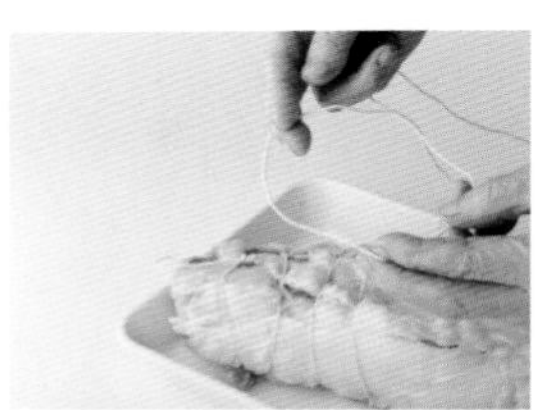

2

把风筝线打圈，然后套在肉上。拉紧绳子将肉绑起来（P64）。

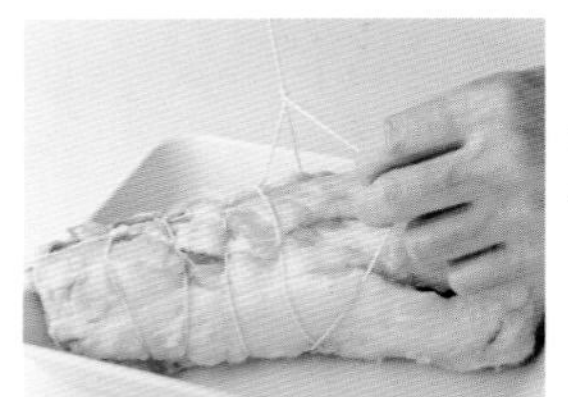

3

离步骤2中打线圈的2cm处反过来绑一下。

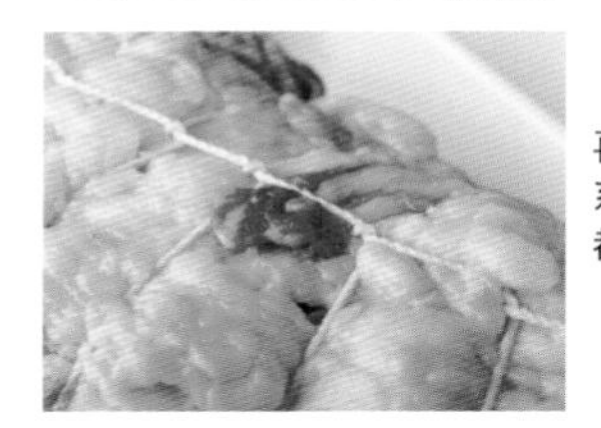

4

再翻过来，把线穿过风筝线系好的线圈，将每一个线圈都缠一下。

5

把电烤箱加热到250℃（如果可以的话，加热到270℃），然后把步骤4处理好的牛肉放进去，直到烤出焦色，大约烤制10~15分钟即可。

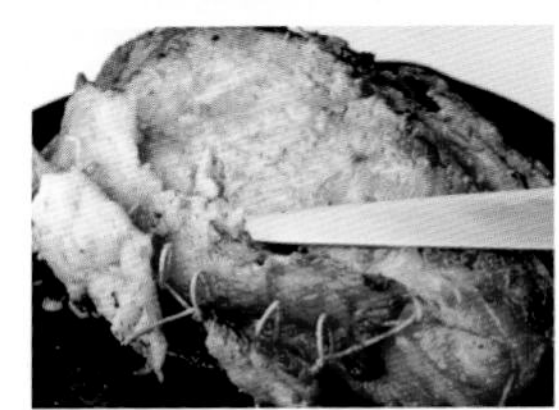

6

取出来，把烤箱温度下调到130℃。然后把风筝线和肥肉取下来。注意不要被烫伤。

7

把取下来的肥肉分别放在牛肉的上下两面，在电烤箱中用130℃再蒸烤10~15分钟。烤好后拿出，把火关掉，放在烤箱上面晾15~30分钟。

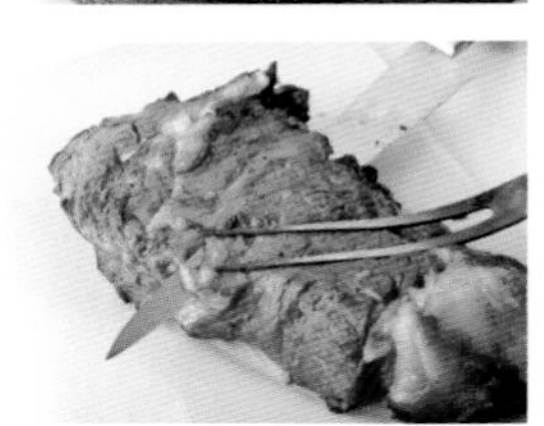

8

横着从上面一片一片的削下来。然后和配菜一起放在盘子里，撒上粗盐、粗黑胡椒粉、芥末粒和辣根即可。

炸油的种类

可以用色拉油。和油的种类相比，更重要的是要用新鲜的油，这样炸出来的食物才会好吃。使用2~3回之后，建议更换。特别是像牡蛎这样的食材，炸制的过程中会流出大量的美味汤汁，这样很容易把油污染。如果要炸很多种食材组合在一起装盘，建议最后炸制能像牡蛎这样的食材。

炸油的温度

把筷子放油锅里，根据冒出的泡泡可以大体了解到温度的高低。和图片一样，如果咕嘟咕嘟地冒着泡泡，大约就是180℃。如果是沾上面包粉进行炸制的食材，不论炸什么，一般都是在油温180℃时下锅。

此外，如果想要彻底炸透食材，需要二次炸制。第一次先用低温的油中火加热，第二次用大约180℃的高温油将表面的水分炸干，这样炸出来的食材会比较脆一些。

去油的方法

刚刚出锅的食材，可以用厨房用纸把表面的油擦拭掉，但这样会将油闷到食材里，面衣的口感就不好了。好不容易炸脆的表面，为了有更好的口感，可以把食材捞起来放在网子上晾着，让油自然沥干，这样会有意想不到的美味。

轻松炸制出漂亮食材的独家诀窍！

只需要简单的一个小动作就可以让整个炸制过程更加有趣且简单。需要准备的是一个1cm高的网子。把网子放在油锅里面，然后加入足量的油，在网子上面放上需要炸制的食材。这样食材不会直接接触锅底，使上下受热均匀，炸制出来的颜色会很漂亮。没有必要翻个，而且炸制过程中的渣会直接掉到锅底，不会沾到食材上面。

炸

把食材放进刚加热好的油里，把表面的水分一次性蒸发掉并将食材内部热透，这就是所谓的“炸”。例如带有面衣的“油炸面拖”。把小麦粉、鸡蛋、面包粉等沾在食材表面，把食材的美味紧紧锁在里面。因为外面有面衣保护，所以是间接加热，火力会相对比较温和一些。这样炸好之后的食材会比较多汁味美。

此外，表面的面包粉脱水之后，会变得非常酥脆，而且会更加可口。

如果食材上不沾任何面衣进行炸制，称之为“干炸”。食材本身就是面衣，表面脱水之后会变硬，中间形成蒸煎的状态，食材会变得非常柔软。每一种食材的感觉都不相同，期待每一种食材带给您的不同惊喜吧！

煎薯饼

煎制得非常酥脆的面衣，用刀切下去时，热气会冒上来，非常松软可口的土豆饼。
这是品尝土豆甘甜香味的绝好瞬间。可以放在便当里，也可以夹在面包里面，作为煎炸类的食材使用。

材料（2人份、6个）

土豆	2½个（400g）
洋葱	1/2个（90g）
牛肉泥	100g
黄油	1大勺
面包粉、全麦粉、鸡蛋	各适量
油	适量
食用盐、白胡椒粉	适量
配菜：混搭沙拉（P116）	适量

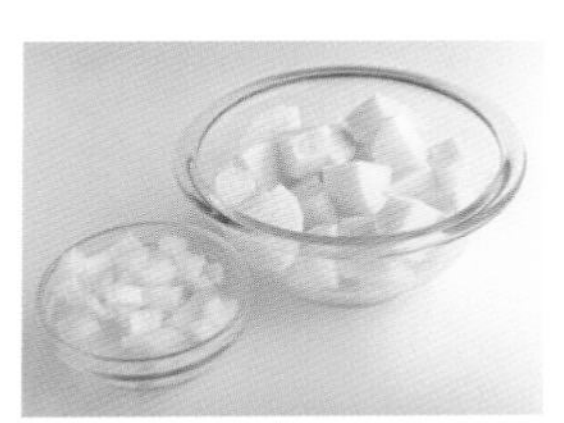

1

把一个土豆均分成6份。把洋葱切成1cm的小方块儿。

2

把土豆放在水中，用大火加热，沸腾之后加盐，然后调整到微沸腾的状态。直到土豆完全熟透之后关火，把外面的水分擦掉。

3

再次放入锅中，用手摇动锅，让土豆在锅里翻腾，待水分完全蒸发掉后沾上面粉，并加入1/2小勺盐。

4

把黄油放在平底锅中加热，加入洋葱混合搅拌，再加入盐和白胡椒粉。加入牛肉泥、盐、白胡椒粉，然后翻炒至肉末散开。当肉的颜色变白时，取出放进碗中。

5

在肉末仍然温热时把步骤3做好的食材放进步骤4的碗里，然后用锅铲搅拌弄碎，用勺子背把土豆泥压碎，并使其和碎牛肉混合均匀。让土豆块和土豆泥掺半。

6

把步骤5做好的食材分成6等份，在手上沾上油（备用以外），用力把土豆揉成椭圆形，然后常温下凉透。变硬后烹制会比较方便。

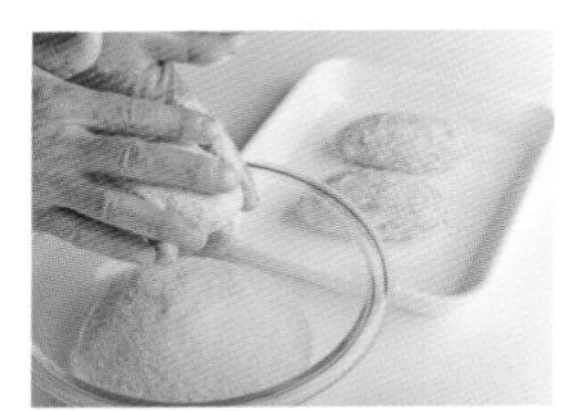

7

按照全麦粉、鸡蛋的顺序沾在刚刚做好的土豆饼上。然后粘上足量的面包粉，并把多余的面粉轻轻拍打下来，尽量让面衣薄一些。

8

将油加热到180℃，把步骤7做好的食材慢慢放进锅里面。慢慢滑进去，油就不容易溅起来。

9

当面衣变色之后，翻面，待颜色比较好看时，用漏勺捞出来。

10

放在网子上，把油沥干。盛在盘子里，撒上配菜。

美味诀窍

主厨建议

从将土豆和肉泥混合到做出形状的整个过程中，动作一定要迅速以保证土豆温热。热的土豆在成形的时候不容易沾手，而且容易做成块状，这样吃起来口感也会非常好。如果土豆凉了，在做出形状的时候容易沾手，而且容易变形。做的时候一定要把握好火候，可以事先用中火加热，所以只炸出自己喜欢的颜色，就算大功告成了。

材料（3人份、6个）
猪肉泥……………………………………250g
洋葱……………………………………250g
白砂糖…………………………………1小勺
姜汁沙司（P68）※ …………………1大勺
面包粉、全麦粉、鸡蛋………………各适量
油……………………………………1½小勺
白胡椒………………………………………适量
中等浓度沙司…………………………适量
配菜：卷心菜细丝……………………适量

※也可以用生姜汁。

主厨建议

炸肉饼也有洋葱的香味，所以不需要加水。洋葱和肉泥按相同的比例添加，有人可能认为洋葱的量比较大了一些，但生洋葱的香味、甜味可以恰到好处地将猪肉的浓香勾出来。

炸肉饼

炸肉饼的两大原材料是百分百纯猪肉和洋葱。当吃在嘴里的时候，肉泥全部散在口中，洋葱的香味和肉的美味混合在一起，肉汁充盈在唇齿之间，让您吃完一个还想再吃一个，停不下来。

1

把洋葱切成细碎末。肉泥从冷藏室里取出后直接使用即可。

2

把肉泥、洋葱、食用盐、白胡椒粉、白砂糖、姜汁沙司等一起放进碗里，用锅铲搅拌充分混合均匀。让肉泥、洋葱、水以及调味料充分黏连在一起。

3

把步骤2处理好的食材均分成6份，在手上沾上一点油（准备好的油以外），把肉泥做成圆形。动作一定要迅速，不要把手上的温度传递到肉泥上。

4

按照全麦粉、鸡蛋、面包粉的顺序依次沾在肉饼上。然后在重复一次，让面衣更加均匀。

5

将油加热到180℃，把步骤4中处理好的食材放进油锅里，当面衣开始变色，表面开始变硬之后，把温度降低到160℃，直到炸透为止。

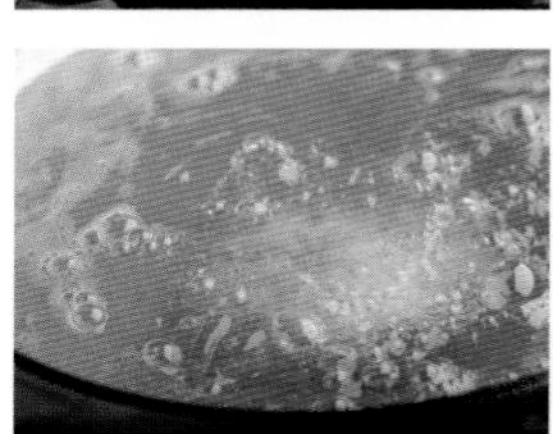

6

当泡泡变小，声音变小之后，肉饼会浮上来，这时肉饼就炸好了。用漏勺捞出来，晾1~2分钟，用余热让温度进入肉最里面。然后盛在盘子里，把配菜加进去，并把沙司浇在上面。

材料（2人份）

牡蛎（生食用）……………………………14个
面包粉、全麦粉、鸡蛋………………各适量
油……………………………………………适量
白胡椒粉……………………………………适量
北极沙司……………………………………适量
配菜：凉拌卷心菜（P121）、柠檬（切长条块）……………………………………各适量

主厨特制沙司⑥

北极沙司

酸甜口味浓厚的北极沙司是用番茄酱和蛋黄酱按相同比例混合制成的。只需要加入一点点白兰地就可以将味道完全改变，呈现出纯正北极沙司的风味。如果没有白兰地，不放也可以。

材料（做成后的量大约是100ml）

番茄酱…………………………………50ml
蛋黄酱…………………………………50ml
白兰地…………………………………少量

制作方法

将所有的材料全部充分混合均匀即可。

油炸面拖牡蛎

寒冷的季节正是吃牡蛎的时节，此时的牡蛎最为肥美。

圆形的油炸面拖牡蛎是西餐厅冬季的招牌菜品之一。

为了尽可能的品尝到牡蛎的鲜香，生食用的牡蛎不要用水洗，炸制时间一定要尽量减少。当面衣炸制固定之后，里面的牡蛎呈现半生的状态即可食用。

1

用厨房用纸把牡蛎表面的水分擦掉。然后在其中一面上撒上白胡椒粉。

2

按照全麦粉、鸡蛋的顺序依次沾在牡蛎上，放在手中撒上面包粉，轻轻握一握，将多余的面粉去掉。

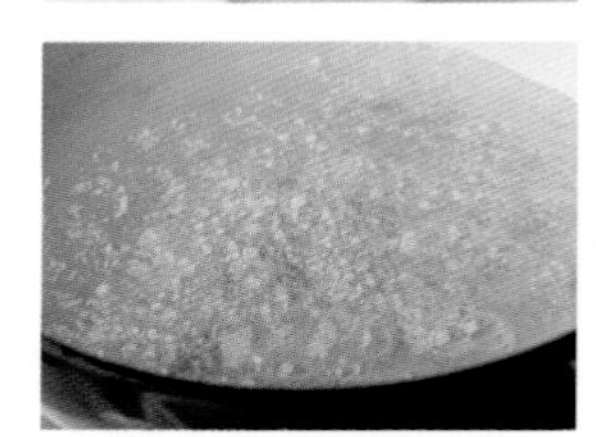

3

将油温调到180℃，把步骤2处理好的牡蛎放到油锅里面，用高温持续加热至成熟。

4

当表面开始变硬时将其捞出来。把凉拌卷心菜用铁环做成圆形放在盘子里，然后把面拖牡蛎放在上面，在旁边放上柠檬和北极沙司。

主厨建议

切忌油炸火候过强、过久，油炸过度会将牡蛎的汁炸干，变得坚硬。不可水洗的原因也与牡蛎汁有关，若经水洗，牡蛎的原汁一定会被冲淡，甚至彻底流失，这样便会失去原本的鲜味。如果实在嫌脏，则请用3%盐分的盐水洗净（盐度与海水相同）。炸牡蛎搭配微甜的“北极沙司”后可吃出极佳的味道。也可以尝试鞑靼沙司酱（见P102）。

生食牡蛎和熟食牡蛎的区别

超市里出售的牡蛎在包装上面一般写着“生食用”和“熟食用”。这不是根据牡蛎的鲜美程度来标注的。生食用是已经经过杀菌处理，即使生食也不会引起食物中毒，细菌数量在食品卫生所规定的数量范围之内。相对的，熟食用牡蛎并未经过杀菌处理，直接包装出货，因此细菌数量会比较多一些。一般来说，熟食用的牡蛎会更加鲜美一些，但是为了不引起食物中毒，一定要充分加热之后再食用。

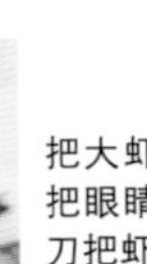

1

把大虾的皮扒下来，用剪刀把眼睛和嘴巴剪掉，并用剪刀把虾腿从根部剪掉。

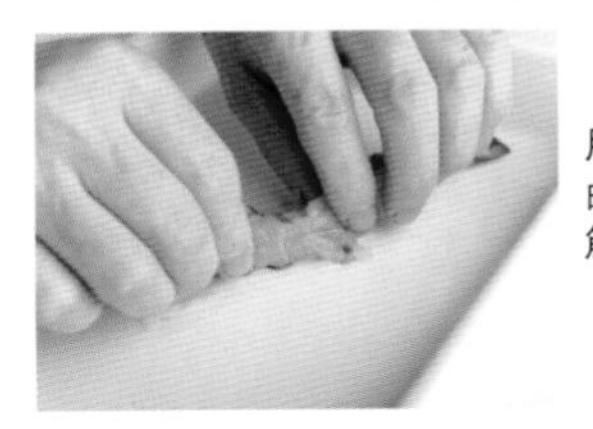

2

用手拿着虾仁两端向内弯曲，在腹部切1~2个口。把筋肉切断。

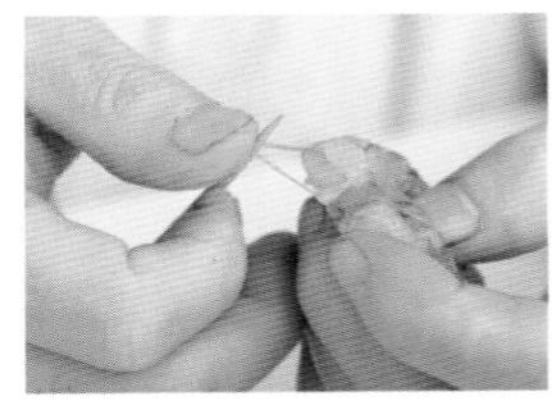

3

用竹签把背部的虾线挑出来。

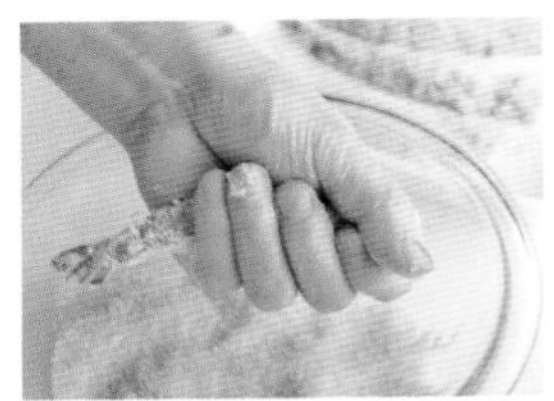

4

撒上食用盐、白胡椒粉，并沾上全麦粉、鸡蛋以及足量的面包粉，然后用手轻轻揉捏。

5

用厨房用纸把虾夷盘扇贝表面的水轻轻擦拭干净。加上食用盐、白胡椒粉，然后依次沾上全麦粉、鸡蛋、面包粉。

6

将油加热到180℃，把步骤**4**和步骤**5**处理好的材料放进锅里。用筷子搅拌，当开始轻轻上色之后，用漏勺捞出来。盛在盘子里，然后把配菜和鞑靼沙司酱撒在上面。

油炸面拖大虾、油炸面拖贝壳烤盘菜

烹制大虾和虾夷盘扇贝时，最重要的是不要炸制过火，最好是半生的，这样鲜美浓厚的汤汁会非常丰富。捞出来之后，放在盘子里，让余热加热到食材内部，放置一段时间即可享用。

材料（2人份）

大虾……………………… 6个
虾夷盘扇贝（生鱼片用）
……………………………… 4个
面包粉、全麦粉、鸡蛋
……………………… 各适量
油……………………… 适量
食用盐、白胡椒粉… 各适量
鞑靼沙司酱…………… 适量
配菜：卷心菜、胡萝卜丝
……………………… 适量

此次选用的是明虾，也可以按照个人喜好选择自己喜欢的虾。如果想要吃到美味的虾头，可以选用新鲜的带有虾脑的大虾。

主厨特制沙司⑦

鞑靼沙司酱

鸡蛋味非常浓厚的鞑靼沙司酱和鱼类、炸蔬菜类等均非常搭配。如果冷冻保存，可以储存2~3天。

材料（容易操作的量）

煮鸡蛋…………………… 2个
洋葱…………………… 50g
蛋黄酱…………………100g
醋淹驴蹄草、西式泡菜
……………………… 各20g
牛奶…………………… 2小勺
食用盐………………… 1小撮
白胡椒粉……………… 适量

制作方法

① 把洋葱切成细碎末，并用水焯一下以去掉涩味儿。煮鸡蛋、驴蹄草、西式泡菜等全部切成细末。

② 把所有的材料混合在一起。

1

将调味料的材料充分混合搅拌均匀。

2

在另一个碗中放入鸡肉，加入2大勺步骤**1**做好的调味料，和鸡肉充分混合搅拌。当鸡肉中析出水分之后，再加入1大勺步骤**1**做好的调味料，然后再次搅拌均匀。

3

用保鲜膜包起来，放在冰箱冷藏室里冷藏3个小时（或者一晚）。然后用腌泡汁、食用盐以及调味香料混合搅拌均匀。

4

在炸制前再撒上一层步骤**1**剩余的调味料。

5

将油加热到120℃~150℃，然后把步骤**4**做好的食材放进去。

6

时常搅拌一下，慢慢炸制20分钟左右。用网子捞出来，把油沥干。

干炸鸡

外酥里嫩，非常美味多汁，用火加热到鸡肉最里层是最理想的状态。撒上一层香味儿浓厚的调味料粉，绝对让人食欲大振。这样的润色是点睛之笔。

材料（4人份）

鸡翅	12个
调味料（50g的量）	
孜然	1/4大勺
姜粉	1/4大勺
洋葱粉	1/2大勺
大蒜粉	1/2大勺
辣椒粉	1/2大勺
白胡椒粉	1/2大勺
辣椒粉	少量
玉米淀粉	5大勺
食用盐	1大勺
油	适量

从中间开始顺时针方向依次是：食用盐、大蒜粉、洋葱粉、姜粉、辣椒粉、孜然、白胡椒粉，中间是红灯笼辣椒粉。

美味诀窍

主厨建议

用120℃低温长时间的炸制食材。其中的水分仍没有蒸发掉的原因是外面裹着一层玉米粉面衣，也可以用全麦粉，但是面衣会稍微厚一些。鸡肉中的水分比较多，味道也非常鲜美。浇上腌泡汁，再加上食用盐和调味料，让味道深入到鸡肉里面，把鸡肉的鲜味勾出来。调味料最好是事先准备好的。重中之重是一定要放孜然进行调味。

材料（容易操作的量）

土豆（烘烤土豆）……… 1个

油……………………… 适量

食用盐………………… 1小勺

1 将土豆的皮去掉，然后用切片器切成1~2cm厚的薄片。

2 用厨房用纸把土豆片表面的水分吸掉。

3 将油加热到150℃~160℃，把土豆片放进锅里，一边将油温上调，一边用漏网搅拌，当土豆片均匀上色之后，捞出来放在网子上面，撒上盐混合均匀。

炸薯片

熟悉的味道也可以动手自己做出来。把土豆片切得厚一点，甜味会更大一些，而且更加美味。趁热吃会更香。只有自己动手制作才能体会到刚出锅的美味。

主厨建议

炸土豆片最好选用烘烤土豆，这样加热的过程中不会变形。切片的土豆很容易上色，所以油温不用太高，只要能够把水分全部炸出来即可。可以作为肉类料理的配菜来使用。

干炸薯条

炸制而成的香酥薯条，表面非常酥脆，里面呈现蒸煎的状态。黄油和香芹的香味混合在一起，味道更好！

土豆里面含有淀粉，所以加热时间会长一些。干炸薯条的诀窍在于用低温油来加热，直到土豆里面也变软，然后再用高温进行二次炸制。表面的水分全部蒸发掉后才能炸出酥脆口感。只需要在出锅后加一点点盐调味，就会非常美味。

材料（容易操作的量）

土豆（烘烤土豆）……… 2个
黄油………………… 2/3大勺
香芹（切细末）……… 1大勺
油……………………… 适量
食用盐………………… 1小勺
白胡椒粉……………… 适量

1 先将土豆的皮去掉，洗干净之后，纵向切成8等份。

2 用厨房用纸把表面的水分洗掉。

3 把油加热到90℃，加入步骤2处理好的薯条。将薯条炸透，并用漏网捞出来。

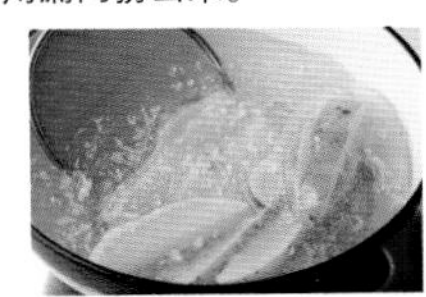

4 将油温调到180℃，把步骤3捞出来的薯条放进去，直到水分全部蒸发掉，冒出来的气泡变小之后，用漏网捞出来。

5 黄油放入平底锅中加热，把步骤4处理好的薯条放进去。加入食用盐、白胡椒粉、香芹，快速翻炒均匀。

炖

炖和煎、炸不同，炖是将食材放在汤汁中加热，并使其逐渐变软，将各种味道融入到食材中的一种烹制方法。将食材炖了之后，食材中所含的味道会析出来，同时会进到其他材料里面，这样味道会比较丰富一些。这是炖的一大特点。

炖大致分为两种：一种是加入足量的水分加热食物，然后一起享用煮出来的汤汁，像卷心菜和炖牛肉等可以将食材中的鲜味进到汤汁中，让汤汁也变得非常美味；另一种是水分添加得少一些，形成密闭状态，将汤汁蒸发掉的炖法。蒸汽可以加热食物，这样食物会慢慢变软。食材中的水分蒸发出来之后，又重新进入到食材中，所以并不会减少食材中的鲜味，而是会让味道更佳。

需不需要盖锅盖

炖菜的时候，有时候需要盖锅盖，有时候不需要盖锅盖。如果锅盖重量比较重，蒸汽会在锅内跑不出来，这样食材的香味会在锅内形成对流，让食材成为一个整体。相反，如果不盖锅盖，水分就会直接被煮出来。如果沙司类的料理直接蒸发掉水分，味道会更加浓缩一些。此外，如果想要轻炖，也可以不盖锅盖，只需要将食材全部混合在一起即可，不需要长时间炖制。

汤汁

大宫主厨做的西餐中，一般不使用汤汁。从食材中析出来的美味汤汁已经足够让菜品非常可口，只需要加入一点点水和葡萄酒就足够了。像卷心菜（P112），番茄汁可以做汤汁。番茄中含有大量的谷氨酸，和海带一样，非常美味，和肉中析出来的美味混合在一起效果会更佳。此外，鲜美的白汁沙司、高级沙司、番茄沙司都可以用作炖菜的汤汁。

用压力锅炖

对于炖牛肉（P48）和正宗咖喱牛肉（P134）厚度达5cm的肉块来说，想要把纤维炖得比较柔软，需要用很长的时间。是不是感觉非常麻烦，望而却步了呢？如果直接用火炖制，确实是需要花费很长时间，但是如果用压力锅加压炖制，只需要30分钟。严格来说，用压力锅炖的菜，比直接用火炖的菜口味要好一些，而且非常方便。大宫主厨建议选用在加热过程中蒸汽不会溢出锅的静音压力锅。这样使用起来也不会对锅产生恐惧，也不会有心理障碍。

锅

建议炖菜选用厚底锅。厚底锅蓄热性好，火候比较好控制，特别是长时间炖菜的话，可以控制在一个比较稳定的温度。此外，如果是蒸煮，锅盖一定要选择厚重的，这样密闭性会好一些。只需要做到以上几点就可以炖出美味的菜肴。

牛腩肉和猪排肉分别切成1.5cm的片状。鸡腿肉切成1.5cm宽的大块。

2

洋葱切成两半再切成薄片，把胡萝卜切成扇形，芹菜切成斜片。把土豆的皮去掉之后，切成两半再切成薄片。全部切成7~8mm的厚度。

3

准备好香草。从左到右分别是：杜松子、香叶、百里香。如果再加入月桂，可以做成阿尔萨斯风味。

4

在厚底锅中加入步骤1处理好的食材的1/3，然后加入1/6备好的食用盐、黑胡椒。把步骤2备好的材料加入1/3，然后加入1/6的食用盐、黑胡椒以及1块百里香，再撒入4粒杜松子。

重复步骤4，把食材分成3层全部装在锅里。最后加入百里香和月桂，并把材料Ⓐ加进去。

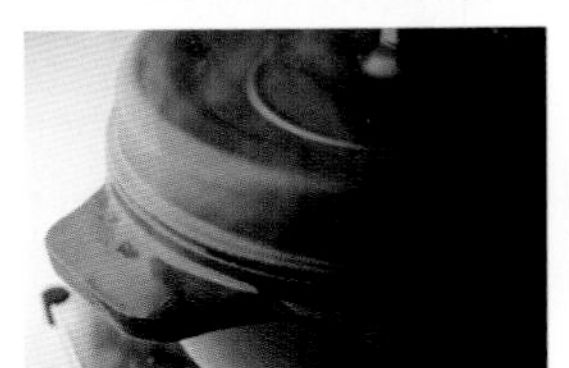

用大火加热，盖上锅盖，等水开之后，改用小火，炖40分钟左右即可。盛在盘子里，撒上粗盐和芥末。

阿尔萨斯浓味蔬菜炖肉

这是一款法国阿尔萨斯地区的家庭料理。将肉和蔬菜以及水和白葡萄酒加到锅里，然后盖上厚重的锅盖炖制。肉的香味中带有蔬菜的鲜味，蔬菜的美味中混有肉的鲜香，这样炖出来的菜品非常美味。

材料

（锅的直径28cm，深度15cm，6~7人份）

牛腩肉……400g
猪排肉……400g
鸡腿肉……400g
洋葱……2个
胡萝卜……1½根
香芹……1颗
土豆……2个
杜松子（P175）……12粒
百里香（生）……2~3块
月桂……1块
Ⓐ 白葡萄酒※……1½杯
　 水……1¼~1½杯
食用盐……1大勺
黑胡椒粉、粗盐……各适量

※白葡萄酒建议使用阿尔萨斯地区特产的贵人香。如果没有，可以用香甜口味的葡萄酒。

主厨建议

使用三种以上的肉类混合在一起，口味会变得多重化，更加美味。建议选用羊羔肉、牛腿肉、牛脸肉等，也可以按照个人喜好，选择自己喜欢的肉类和部位。因为从蔬菜中也可以析出水分，所以只加入白葡萄酒炖制也可以非常美味。可以装在锅里后放进烤箱里面充分加热，但是此烹调法是直接用火加热的方法，因此需要选用厚底锅慢慢炖制。

1人份装盘

放上三种肉和四种蔬菜，这样看上去会比较协调一些。虽说是浓郁的蔬菜炖肉，但是食材中充满着美味的汤汁，有一种肉炖土豆的味道。搭配米饭食用也会非常美味。

卷心菜卷

小型卷心菜的形状非常可爱。将材料和卷心菜呈千层酥状。切开会非常漂亮，也比把材料卷在里面更好操作。只需要用番茄酱煮制，因此即使是第一次做也不会失败，可以大胆尝试。

材料（4人份）

卷心菜……………………………… 1个

Ⓐ
- 牛肉泥、猪肉泥………… 各200g
- 洋葱（切细末）………… 1/2个
- 食用盐……………………1½小勺
- 黑胡椒粉…………………… 适量

Ⓑ
- 番茄酱（无添加食用盐）……………………………… 3杯
- 水………………………… 1/4杯
- 食用盐……………… 少于1小勺

食用盐、白胡椒粉…………… 各适量

主厨建议

用没有卷起来的卷心菜把材料包起来，卷心菜会有些破损，但只要全部叠在一起放置是不会有影响的。最外面的一层用卷心菜外面的绿色叶子，这样看上去更像迷你卷心菜。卷心菜的芯非常甜，不要扔掉，切成碎末之后，夹在中间。用水把卷心菜焯一下，放在冰水中降温，这样做会凉得快一些，而且颜色会好看一些。

1

把材料Ⓐ放到碗中，一边加冰水一边用锅铲挤压，然后来回翻动着混合均匀，让肉泥黏连在一起。在碗里把肉泥平均分成4等份。

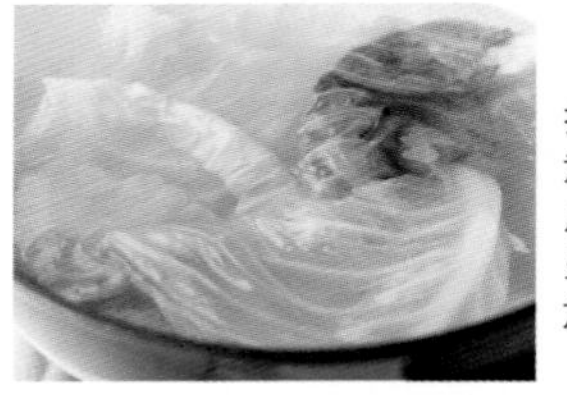

2

把卷心菜叶扒下十几片，注意尽量不要把叶子弄破了。用1%的盐水焯一下，当叶子呈现透明状的时候，捞出来放在冰水中冷却。

3

把步骤2剩余的卷心菜的芯切成斜片，然后把切下来的部分切成粗条。

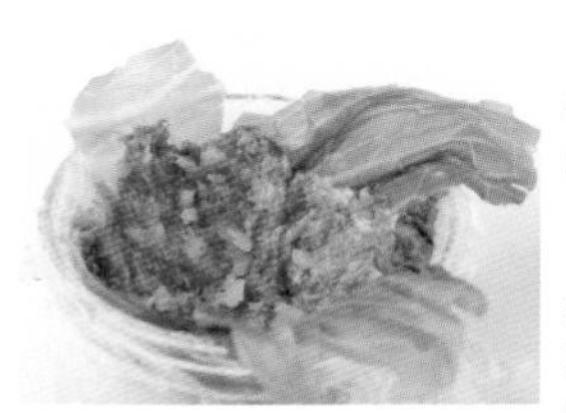

4

在直径10cm的碗里铺上较大的保鲜膜，然后铺上比碗口大一倍的卷心菜叶。也可以一次铺上两片。把步骤1处理好的卷心菜叶贴紧碗铺好，然后把步骤3切好的卷心菜芯撒在上面。

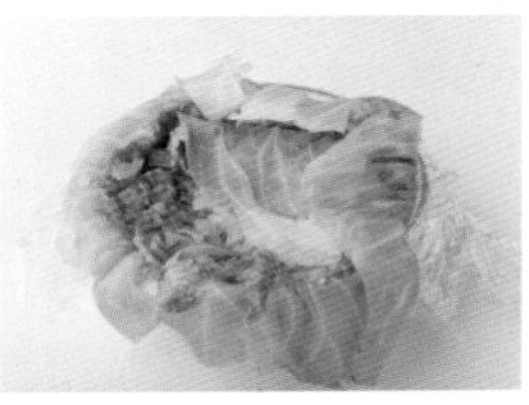

5

再按照同样的方法把卷心菜铺上，把材料放进去。然后重复以上步骤，一共铺出3层，最上面一层也用卷心菜盖起来。

6

把保鲜膜拿起来，把最下面铺的卷心菜全部包起来。

7

在封口处拧两下，整理好形状。然后按照同样的方法再做3个。并把保鲜膜取下来。

8

把步骤7做好的4个全部放在厚底锅里，加入材料Ⓑ，盖上锅盖用火加热。当水开了之后，改用中火，不时地把汤汁舀起来浇在食材上，直到呈勾芡状。然后撒上食用盐和白胡椒粉调味。

用烤鸡骨头
做简单的清汤

大宫主厨
的亲传

大宫主厨的西餐里基本上不用西式汤汁和清汤等。但是，在浓汤料理中清汤是必不可少的。此外，如果在咖喱饭和法式浓汤中使用清汤，会更加入味。在做肉味非常浓厚的沙司或者炖菜时不需要添加此类清汤。

材料有鸡骨架和香味蔬菜以及调味料。鸡骨架在精肉店里可以买到，也可以用吃烤鸡（P88）剩下的鸡骨头，甚至可以用阿尔萨斯浓味蔬菜炖肉中剩下的鸡翅骨头。为了让汤汁清澈美味，一定要把熬出来的浮沫捞出去，这是此汤的重点。

材料（做好之后大约700ml）

烤鸡骨头※ ……200g（1只鸡的量）
胡萝卜（切扇形）……………1/4个
香芹（白色部分，切薄片）
……………………………………1/5个
洋葱（切薄片）………………1/4个
百里香（生）……………………2根
月桂………………………………1个
水……………………………… 适量

※也可以用普通的鸡骨架。

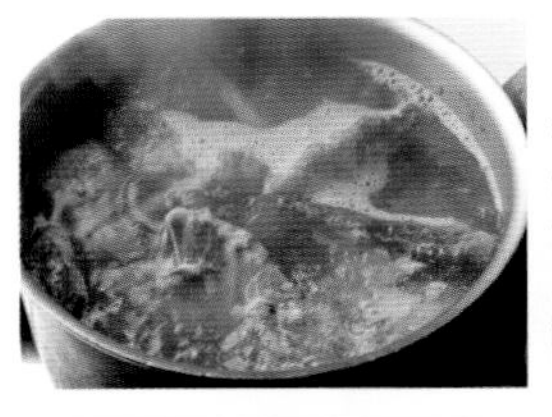

1

把烤鸡骨头放在锅里，加入约700ml水，差不多刚好浸没过骨头即可。用中火加热至沸腾，然后把浮出来的浮沫捞出。

2

加入蔬菜和调味料，把中火调小一些，只要保证锅里能咕嘟咕嘟地沸腾即可。

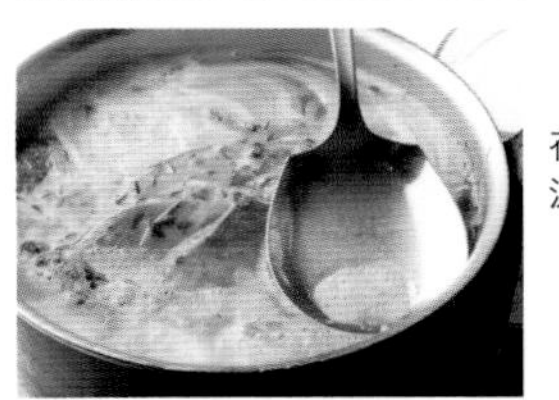

3

在煮制过程中如果还有浮沫，直接捞出来即可。

4

煮沸30分钟左右。水减少之后，再添加一些让水一直能够没过食材。

5

用漏勺把锅里的食材全部捞起来，这样清汤就做好了。

第四章

配菜也要有主厨的味道

沙拉与浓汤

西餐厅的配菜中非常有人气的菜品！混搭沙拉、土豆沙拉等可以简单制作的料理别具一格。接下来，大宫主厨为您介绍这些美味的制作诀窍。在家里就可以再现这些上档次的风味配菜小吃。

混搭沙拉

带有冰水的叶类蔬菜，咀嚼起来非常爽脆，可以放入简单的法式色拉调味汁，口感会很好。

也可以和肉类料理或者是油炸食品一起搭配食用。

红菊苣略带苦味，看上去会非常显眼，可以放一点润色。

材料（2人份）

叶类蔬菜（金黄色生菜、绿色瓜尔豆、红菊苣）……………………………………… 共50g

法式色拉调味汁……………………… 2½大勺

食用盐、胡椒粉……………………… 各适量

1

把叶类蔬菜用手撕碎，然后淋上一些冰水，这样吃起来会非常爽脆，顺便把水分去除。

2

在吃之前用食用盐、黑胡椒调一下味，然后加入法式色拉调味汁。用两手把叶类蔬菜从下往上翻着混合均匀。

3

装在盘子里，撒上黑胡椒。

主厨特制沙司⑧

法式色拉调味汁

材料（易操作的量）

色拉油…………………………… 500ml

白葡萄酒醋……………………… 125ml

洋葱（切粗碎末）…………… 1/2个

芥末……………………………… 17g

食用盐………………… 1小勺（6g）

白胡椒粉………………………… 2g

制作方法

① 把洋葱、芥末、少量白葡萄酒醋、食用盐、白胡椒粉等放进碗里，用搅拌机充分搅拌均匀。加入少量色拉油，一直搅拌至乳化变白。

② 加入少量白葡萄酒醋并混合搅拌，然后依次反复加入油、白葡萄酒醋，一边加一边搅拌。当呈现勾芡状时，即完成。

主厨建议

在加入色拉调料时，一定要先用两手敲打一下，然后把蔬菜从上往下翻着混合。这样每一片叶子上都可以沾到调味料。这样的沙拉也叫“抛沙拉”。此外，加入食用盐、白胡椒粉进行调味，并加入调味料，这样蔬菜的味道会更加鲜美。建议使用香味较浓的黑胡椒粉。

材料（3~4人份）

土豆（水煮土豆）…………………………4个
洋葱……………………………………………1个
胡萝卜…………………………………………1/2根
黄瓜……………………………………………1根
蛋黄酱…………………………………………100g
牛奶……………………………………………1大勺
白葡萄酒醋………………………………1~2小勺
香芹（切细末）………………………………适量
金黄色生菜……………………………………适量
食用盐、白胡椒粉……………………………适量

主厨建议

调制出美味沙拉的技巧在于以下两点：一、当土豆用水煮过之后，趁热撒上食用盐。这样味道会更好一些，而且整体味道比较均匀。二、洋葱上面要撒上盐，把里面的水分杀出来。这样洋葱的辣味就没有了，甜味会增加。只要做好以上两步就可以把蔬菜中的美味勾出来。加入适量牛奶作为佐料。在搅拌的时候，要防止土豆和蛋黄酱紧紧粘在盘子上。

土豆沙拉

土豆的软糯香甜和蛋黄酱的浓厚感绝妙地搭配在一起，这将是一道非常有人气的沙拉。在混合搅拌的时候，将土豆轻轻挤碎，剩下的部分和蛋黄酱充分混合。也可以用作便当的小菜。

1

土豆去皮，切成一口大小的块状。洋葱切成薄片。胡萝卜和黄瓜切成薄的扇形。

2

洋葱里面加入盐，充分揉搓。带有黏性的水分析出来之后，洒上少量水。把胡萝卜用盐水焯一下，黄瓜用盐揉一下。

3

用盐水把土豆焯一下，熟透之后捞出来，把水分沥干。再次开火，把土豆放在锅里，晃动炒锅，待土豆上的水分全部蒸发掉。直至土豆外面呈现白色粉状，加入不到1小勺的盐，并充分混合均匀。

4

把步骤3做好的土豆放在常温下冷却之后放在碗里，并把步骤2处理好的洋葱以及胡萝卜、蛋黄酱、牛奶、白葡萄酒醋一起加进去。

5

从碗底开始搅拌，让食材全部沾上调味料。

6

在搅拌的过程中，用锅铲不时地压一下土豆，把土豆压碎一些。做好之后，加入黄瓜、食用盐、白胡椒粉进行调味。装在盘子里，然后加上金黄色生菜，再撒上香芹。

1 把装饰配菜和食用盐、白胡椒粉等混合均匀。把熏猪肉切成细丝，大蒜切成两半。把法式面包片烤成吐司，然后用大蒜的横断面在面包片上摩擦，敲成碎片面包片。用氟树脂加工的锅把熏猪肉煎至酥脆。

2 把生菜撕成一口大小，并撒上一点冰水，让其吃起来更加爽脆。把水分沥干。

3 在吃之前，把步骤2处理好的生菜上撒上盐和白胡椒粉调味，然后加上装饰配菜，用两手从上往下翻动蔬菜，使其味道混合均匀。

4 装在盘子里，把步骤1的油炸面包片和熏猪肉以及辣椒、香芹全部撒上。最后把黑胡椒粉均匀地撒在上面。

恺撒沙拉

嚼起来非常清脆的生菜与美味的奶酪和油炸面包片混合而成。

材料（2人份）

生菜（或者莴苣）………… 50g
熏猪肉……………………… 1/4片
法式面包（薄片）……… 1~2片
大蒜……………………… 1头
辣椒（红、黄切薄片）… 各少量
香芹（切细末）…………… 适量

装饰配菜（取用1/10即可）

- 蛋黄酱 …………………… 125g
- 鳀鱼（酱）……………… 3~4g
- 牛奶 ……………………… 1⅓大勺
- 奶酪※ …………………… 5g

食用盐、白胡椒粉、黑胡椒 ……………………… 各适量

※ 建议选用味道比较浓的帕马森乳酪。

1 用盐把卷心菜揉一下。稍微放置一段时间之后，轻轻把水分挤出来。

2 把玉米粒加进去混合均匀，然后加入法式色拉调味汁，并按照个人喜好加入适量的雪莉醋。

凉拌卷心菜

制作简单而方便的沙拉。制作完成之后，再撒上一些白葡萄酒醋调味，味道会更佳。

材料（2人份）

卷心菜（切细丝）…………1/4个
玉米粒（罐头）………… 3大勺
法式色拉调味汁（P116）
…………………………… 4大勺
食用盐…………………… 1小勺
雪莉醋（没有可以不加）… 适量

1 把装饰配菜和食用盐、白胡椒粉等混合均匀。

2 把洋葱和黄瓜用盐揉一下，并放置一段时间。锅里添水并煮沸，加入少量食用盐。把通心粉煮成如图所示的样子。在煮制过程中加入胡萝卜，煮好后一起用漏勺捞出来，把水沥干。

3 趁热把步骤1的装饰配菜加到通心粉和胡萝卜中，然后让其冷却。黄瓜、洋葱、火腿混合搅拌之后，装在盘子里面。撒上香芹，按照个人喜好加入适量白胡椒粉。

通心粉沙拉

让人不由自主地想吃。趁热加入调味料混合搅拌。

材料（易操作的量）

- 通心粉（干）…………………100g
- 黄瓜（1cm方块）…………1根
- 洋葱（切薄片）……………1/2个
- 胡萝卜（1cm方块）………1/2根
- 火腿（切细丝）…………6~7片
- 香芹（切细末）……………适量

装饰配菜

- 蛋黄酱…………………60~70g
- 牛奶……………………1大勺
- 白葡萄酒醋……………1小勺

食用盐、白胡椒粉………各适量

1将法式色拉调味汁和蜂蜜混合在一起。

2将叶类蔬菜撕成合适的大小，撒上冰水，让其吃起来更加爽脆一些，然后把水分沥干。

3在吃之前，把步骤2处理好的食材和30g火腿上放入盐和白胡椒粉进行调味。加入步骤1的调味料，用两手把叶类蔬菜从上往下翻着混合均匀。

4把步骤3做好的食材放进盘子里，把水煮蛋、剩余的火腿、奶酪散在上面。

阿尔萨斯沙拉

材料非常丰富，可以作为小菜或小吃来食用。重点在于用蜂蜜调味。

材料（2人份）

叶类蔬菜（金黄色沙拉、绿色瓜尔豆、菊苣、苦苣、红菊苣）……共50g

煮鸡蛋（纵向切成6等份）……1个

火腿（切细丝）……40g

手撕奶酪……适量

法式色拉调味汁（P116）…25ml

蜂蜜……1小勺

食用盐……2小撮

白胡椒粉……适量

1

把洋葱切成薄片。

2

色拉油放入平底锅中加热，把步骤**1**处理好的洋葱放进去翻炒，让洋葱上面沾满油。

3

继续翻炒，让洋葱上色。把粘在平底锅上面的洋葱用锅铲铲下来，然后重新回到平底锅中进行翻炒。

4

在翻炒过程中，把洋葱全部摊开，让水分蒸发掉。洋葱的颜色越来越浓，会呈现茶色并带有透明感。大约需要翻炒15分钟。

5

继续翻炒，当炒制30多分钟时，会呈现红糖色，这样洋葱就算炒好了。呈透明状且泛着金光，达到这样的效果就算成功了。

6

把步骤**5**做好的一半洋葱放在锅里，加入肉汤并加热。加入盐和白胡椒粉进行调味。装在盘子里，加入面包和奶酪，然后放在电烤箱里烘烤，直到烤出颜色。最后撒上香芹。

法式洋葱汤

充分翻炒过的洋葱非常香甜，并闪着金光。浓厚的甜味非常诱人。用简单的肉汤熬制的浓汤中满溢着洋葱的甘甜和香味，非常可口。

材料（4人份）

洋葱※1…………………………2个
肉汤（P114）※2……………2½杯
色拉油…………………………2大勺
法式面包（薄片）……………4片
手撕奶酪…………………… 100g
香芹（切细末）……………适量
食用盐、白胡椒粉………各适量

※1 炒洋葱时可以用一半的量，剩下的可以放在冰箱中冷冻起来。
※2 如果用市面上卖的肉汤，一般情况都已经放盐了，所以在放盐的时候要注意调整用量。

主厨建议

把洋葱翻炒一下，甜味会增加。面包上面颜色深的地方要刮去，不然放时间长了会发苦，而且洋葱汤也会发苦，会掺杂异味，这样整个汤就制作失败了。

土豆冷制奶油汤

招牌凉汤之一。入口即可感受到土豆的香甜，并伴有奶油的爽滑，而且韭葱的温和香味会把土豆的香味勾起来。

材料（4人份）

土豆……………………… 2个（400g）
韭葱[※1]…………………… 1/3捆（50g）
肉汤（P114）[※2]……………… 1½杯
牛奶…………………………… 1½杯
生奶油………………………… 1/2杯
黄油…………………………… 20g

Ⓐ
- 白兰地…………………… 1大勺
- 辣味沙司…………………… 少量
- 伍斯特辣酱油……………… 1~2滴

香芹（切细末）…………………适量
食用盐、白胡椒粉……………各适量

※1 也称作扁葱。如果没有，可以用长葱代替。
※2 如果用市面上卖的肉汤，一般情况都已经放盐了，所以在放盐的时候要注意调整用量。

美味诀窍

主厨建议

土豆冷制奶油汤能够让您全方位体验到土豆的美味。首先要制作美味的土豆泥。先用食用盐给土豆泥调味，把肉汤充分加热煮制。如果土豆泥中含有的水分太多，味道会比较淡，冷却之后会冲淡浓汤的味道。而且，这样会让生奶油的味道更加突出，而尝不出土豆的味道。

1

把土豆切成半月片状，韭葱切成小碎片。黄油放入锅中加热融化，把韭葱放进去。当韭葱温和的香味煸炒出来之后，用小火炒至变软即可。

2

加入土豆，并加入1/2小勺食用盐翻炒。让土豆上面沾满油，炒到土豆表面呈微微透明状即可。

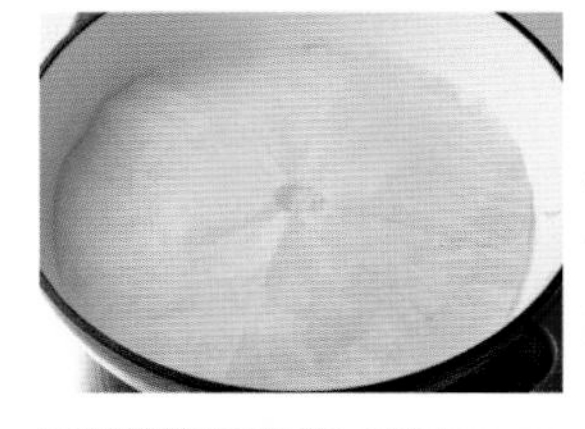

3

加入肉汤，并放入白胡椒粉，盖上小锅盖煮至微微沸腾。可以把烤箱垫的中间挖出一个圆圆的洞，当做小锅盖来使用。

4

当水分几乎全部蒸发掉之后，把小锅盖取下来，然后一边转动锅，一边让土豆把肉汤全部吸收。

5

用搅拌机制作土豆泥，或者是用滤网过滤出土豆泥，这样不容易发黏。放在垫子上摊开，在室温下冷却。

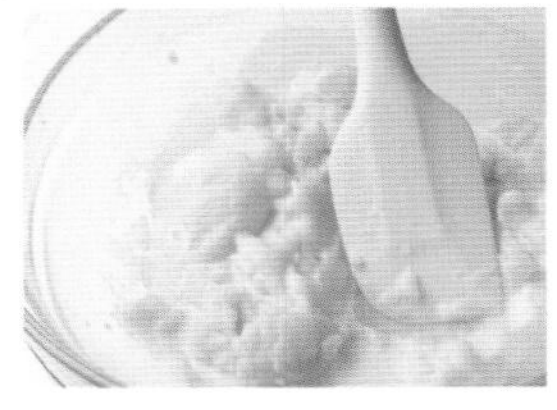

6

把步骤5做好的土豆泥放在碗里，然后洒上点冰水，加入少量牛奶和1小撮盐，混合搅拌。这时用锅铲从上往下压碎土豆泥，这样土豆泥不容易发黏。

7

逐渐慢慢加入牛奶，一边转动碗一边用打泡器旋转着手腕搅拌混合。加入食用盐、白胡椒粉进行调味，并加入生奶油搅拌。

8

把材料Ⓐ加进去并混合搅拌过滤，然后放在冷藏室里初步冷却。盛在碗里，撒上香芹。

土豆料理的配菜

将土豆用水焯一下，烤制之后再用油炸一下……像这样的烹调法多种多样。

土豆非常便于保存，可以做各种不同的菜品，是一种非常方便的食材。

味道非常清淡，不会影响其他食材的味道，并且可以吸收多种口味，因此经常用在西餐中，特别是用来做肉类料理的配菜。

因为土豆的碱性非常大，所以用做肉类的配菜时可以中和肉类中的酸性。

仅仅把土豆做成简单的料理就非常美味，作为配菜来烹制也十分美味，接下来为您介绍4种不同的菜品。

土豆蛋黄酱

正如里昂这个名字一样，这是法国里昂地区的乡土料理。熏猪肉的香味和洋葱的甘甜全部融入到油中，土豆和油充分混合之后放在烤箱中烤制。奶酪的味道非常浓郁。

材料（易操作的量）

土豆（水煮）…………………………… 2个
熏猪肉（切方柱形）………………… 50g
洋葱（切薄片）………………………1/3个
手撕奶酪……………………………… 50g
色拉油………………………………… 1小勺
食用盐………………………………2/3小勺
白胡椒粉……………………………… 适量

1 将土豆带皮用盐水焯一下，不要焯到发软。然后把皮去掉，切成1cm方块。

2 色拉油放入平底锅中加热，将洋葱和熏猪肉放进去轻轻翻炒。然后把步骤1处理好的土豆全部放进去，充分搅拌，让油均匀地沾在土豆上。

3 放在耐热容器中摊开，撒上奶酪、白胡椒粉，然后放在烤箱中烤至轻微上色。

配菜

烤牛肉以及汉堡包等可以搭配土豆蛋黄酱，这是比较经典的搭配组合。

土豆泥

混有黄油和生奶油的浓香，像冰淇淋一样爽滑可口。

材料（易操作的量）

土豆（水煮）………… 300g

黄油…………………………70g

A 牛奶……………… 1/2杯

A 生奶油（乳脂肪含量35%）…………… 1/4杯

食用盐……………… 2/3小勺

1 将土豆的皮去掉，然后切成一口大小。用盐水焯一下，硬度刚好可以用竹签串过去即可。

2 用漏勺捞出来，把水沥干，然后重新放入锅中加热，晃动锅让水分蒸发掉，用滤网过滤，然后放回锅中加入黄油。

3 把材料A加进去，加热。

4 把步骤2做好的土豆加热，逐渐加入步骤3做好的材料，搅拌混合。当混合均匀，感觉蓬松起来之后，即可完成。

配菜

像炖牛肉这样含有丰富沙司的料理可以搭配土豆泥，也可以搭配上奶汁烤干酪焗菜风味的烤肉类料理。

烤土豆

土豆带皮烘烤，美味不会流失，口感非常松软。

材料（2人份）

土豆（水煮）……………2个

食用盐…………………1小勺

黄油……………………2小勺

1 将土豆带皮用水洗一下，然后撒上盐，用铝箔纸包起来。

2 将烤箱温度调至180℃，把步骤1处理好的土豆放入烤箱烤至柔软，这差不多需要烤制1个小时。

3 切成十字花样，然后把黄油加进去。黄油会立即融化，这样味道会进到土豆里面。

配菜

可以任意搭配肉类、鱼类等料理。如果想要分出层次，可以直接把整个土豆放上去，还可以把土豆切成片状或方块状，量可以适当调整。

土豆团子

意大利餐的招牌团子，和土豆料理搭配起来也非常完美。
用黄油、熏猪肉、咖喱粉等一起翻炒，菜品味道会更上一层楼。

材料（易操作的量）

土豆（水煮）………………… 100g
Ⓐ { 全麦粉…………………… 30g
　 { 奶酪※ ………………… 10~20g
鸡蛋………………………… 1/3 个
食用盐……………………2/3小勺
白胡椒粉…………………… 适量

※建议用香味浓厚的帕马森乳酪。

1 土豆带皮用水煮至柔软，然后去皮，用过滤器过滤，再把食材Ⓐ加进去混合搅拌。

2 加入鸡蛋，然后充分混合搅拌均匀，加入食用盐、白胡椒粉等。

3 揉成直径2cm的棒状，放在冰箱冷藏室里冷却20~30分钟。

4 切成3cm的宽度，然后分别揉成圆形，并用叉子把其中一面压出花纹。

5 用1%的盐水（备用外）将其煮沸，当全部浮上来的时候，表示已经煮好了。

配菜

可以搭配肉类和鱼类，也可以搭配含有丰富冰淇凌或者黄油的沙司料理中。

土豆的种类和特征

烧烤土豆

水煮土豆

一般市面上会卖两种类型的土豆，即烧烤土豆与水煮土豆。根据品质的不用，按照种类可以分开使用，这样做出来的料理会更加美味。

烧烤土豆的特点是比较细长。肉质比较黏糯，加热很容易变碎。像炖菜或者咖喱饭等煮制类料理以及薯片或者烤土豆等煎炸类的菜品可以用此类型的土豆。

水煮土豆形状比较圆。淀粉含量较多，加热会变得非常柔软。但是煮制起来容易碎，所以面拖土豆、土豆泥、炸土豆等不在乎形状的料理可以用水煮土豆。

第五章

一块铁板带来的极大满足感

咖喱饭、意大利面、米饭、面包

老幼皆宜的咖喱饭、非常让人怀念的肉糜沙司意大利面、有饱腹感的蛋包饭、快餐三明治……一盘就可以让您享受到一顿丰盛的午餐。接下来为您介绍一款层次非常丰富的人气料理，让您每天都可以享受到可口的美食！

1

加入咖喱粉和全麦粉，充分混合。在鸡肉上面加入食用盐、白胡椒粉、全麦粉，并把多余的全麦粉拍打掉。

2

色拉油放入平底锅中慢慢加热，然后放入大蒜和生姜进行翻炒。当生姜和大蒜轻微上色、香味全部出来，即炒制完成。

3

加入鸡肉，把表面煎制一下，让全部鸡肉都沾满油。不要煎制过火，只要颜色稍微变白一点即可。

4

加入洋葱，整体翻炒，让食材表面全部沾上油。依次加入土豆和胡萝卜并翻炒。当整体都沾上油之后，加入2/3大勺盐和白胡椒粉。

5

加入咖喱粉炒制一会儿，并混合均匀。不要让食材粘锅，一定要用锅铲从锅底以及锅边缘充分搅拌。

6

加入适量的水，刚好没过食材，混合搅拌均匀后煮制。大约煮10分钟即可呈现勾芡状，当所有的蔬菜都充分加热之后，加入食用盐、白胡椒粉等进行调味。在盘子里面装上米饭，把咖喱浇在上面。

家常传统咖喱饭

食材非常丰富的简单咖喱饭是超级令人怀念的传统菜品。
用一个锅花20分钟即可完成，而且不需要汤汁。家常烹调法让食材的美味全部进到汤汁中，搭配米饭非常开胃。

材料（4人份）

米饭（温热）	720g
鸡腿肉（切碎块）	350g
土豆（后的半月形）	2个
胡萝卜（后的扇形）	1/2根
洋葱（1.5cm方块）	2个
大蒜（切碎末）	1大勺
生姜（磨碎）	1大勺
咖喱粉	3大勺
全麦粉（黄油面酱用）	3大勺
色拉油	3大勺
全麦粉（鸡肉用）	适量
食用盐、白胡椒粉	各适量

美味诀窍

主厨建议

家常风味咖喱饭的要点是不要煮制过火。只要蔬菜充分加热即可完成煮制。“加热时间这么短，可以吗？”有些人可能会这么想。但确实是出奇地好吃。调味料的香味非常浓厚，鸡肉非常柔软，肉汁满溢，蔬菜的口感也非常好。咖喱可以按照个人喜好适量添加。我一般使用的是香味复杂、清爽的正宗餐厅日常用的“印度咖喱”。

大宫风味正宗咖喱牛肉

咖喱饭是调味料香味非常浓郁的一款料理。复杂的甜味和香味，而且在酸味之后有一股穿过鼻子的辣味，非常美味。使用鲜香的牛肉、蔬菜、苹果、香辛料等丰富的食材，即使不放清汤也会非常美味可口。

材料（易操作的量）

米饭（温热、1人份）……180g
牛排肉（块状）[※1]……500g
洋葱……5~6个
胡萝卜……1根
苹果……1个
大蒜……2头
生姜……35g
咖喱粉……60g
调味料[※2]
- 豆蔻……1粒
- 丁香……1粒
- 月桂……1片
- 杜松子（P175）……15粒
- 香菜……6g

Ⓐ
- 酸奶……1/2杯
- 番茄酱……4~5大勺
- 芒果酸辣酱……60g
- 淀粉……3大勺

混合香辣调味料……4g
色拉油……130ml
黄油……2小勺
食用盐、白胡椒粉……适量

※1 建议选用白肉比较多的牛排肉。

※2 从右手边开始顺时针方向依次是：豆蔻、丁香、月桂、杜松子、香菜。

1

把洋葱切成薄片，苹果带皮切成薄片，胡萝卜、大蒜、生姜切成细末。

2

把70ml色拉油放在厚底锅中加热，然后加入调味料。用小火把调味料中的香味全部煸炒出来。

3

加入步骤**1**处理好的洋葱，和油充分混合均匀。加入1小勺食用盐，然后把洋葱全部摊开翻炒，让水分蒸发掉。

4

紧接着洋葱中的甘甜香味就散发出来了，一边翻炒一边将粘在锅上的洋葱刮下来，炒制1个小时左右，直至洋葱炒成金黄色。

接下页▶

主厨建议

让调味料味道活跃起来的基础是炒制大量的洋葱、苹果和芒果酸辣酱。“浓缩、清爽、浓郁”三者的甘甜让牛肉的美味深入浅出，并把调味料的香味和牛肉的香味融合为一体。我没有去除浮沫，如果介意，可以在做好了之后将飘在上面的浮沫捞出来，注意尽量不要将调味料捞出来。如果有压力锅，建议尽量使用，用压力锅只需加压30分钟。

5

将1大勺色拉油加入平底锅中加热，然后在步骤**1**处理好的苹果中加入黄油，并放入锅中充分翻炒。上色以后，酸甜的味道就煸炒出来了。

6

在小锅中把咖喱粉煎一下，将其香味煸出来。咖喱粉如果不做此处理，味道会比较淡，所以一定要用锅煸炒一下。

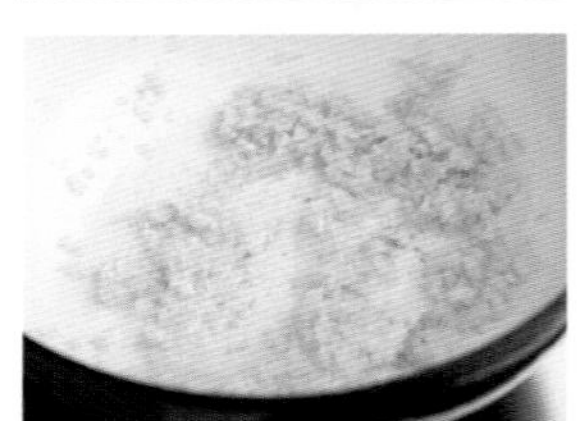

7

在另一个锅中加入2大勺油并加热，把步骤**1**的大蒜和生姜放进去煸炒出香味。然后煸炒胡萝卜，把步骤**4**、**5**、**6**的材料和1½大勺盐加进去，翻炒。加水没过食材，用大火加热。

8

把材料Ⓐ用打泡器搅拌混合，待步骤**7**中的水沸腾之后，取出少量水加到食材Ⓐ中混合，然后加入到步骤**7**的锅中，用小火加热。

9

把牛排肉用风筝线绑起来（P64），然后把1大勺色拉油放在平底锅中加热，再把牛肉放进去煎制到变色变硬。把步骤**8**加工好的食材加进去，加热至微微沸腾的状态，并需要煮制3个小时。

10

煮制过程中水分减少的话，及时添水。把肉取出来将风筝线解下来，切成一口大小，再放回锅中和混合调味料混合均匀。加入食用盐和白胡椒粉进行调味。把米饭装在盘子里，浇上咖喱即可。

如果改用其他肉类

咖喱和牛肉、猪肉、鸡肉搭配均非常美味。充分煮制做成正宗咖喱的要点在于慢火煨制，把肉块煮制柔软。建议选用带有骨头的肉，这样从骨头中析出的汤汁也非常鲜美。

例如：用带有骨头的鸡腿肉做咖喱的话，把P135材料中的500g牛排肉换成带有骨头的4根鸡腿肉，然后将步骤*9*中的把牛排肉煎制发硬，换成把鸡肉上撒上食用盐、白胡椒粉，腌制之后沾上全麦粉，炸制表面上色。然后将鸡腿肉放在焖煮锅中，煮制20~30分钟即可出锅。把米饭放在盘子里，浇上咖喱，然后每份放上一根带有骨头的鸡腿肉。

肌肉表面沾上全麦粉再炸制，美味的肉汁会紧紧锁在里面不会流失，这是关键点。如果炸制时有适量的肉汁出来，鸡肉自身也会非常美味。

材料（2人份）
黄油米饭（温热P158）
……………………………360g
猪里脊肉※（60g） …… 2片
正宗咖喱牛肉黄油面酱（P136步骤10）…………… 6大勺
白汁沙司（P28） …… 8大勺
手撕奶酪………………… 60g
全麦粉……………………适量
面包粉………………… 2小勺
黄油…………………… 2小勺
色拉油………………… 1大勺
食用盐、白胡椒粉……各适量

※猪肉也可以用薄牛肉片或者薄鸡腿肉片代替。

1 在猪肉上撒上食用盐、白胡椒粉，然后再沾上一层薄薄的全麦粉。将色拉油加在平底锅中加热，将猪肉的两面迅速煎制成熟。

2 在耐热容器中加入黄油米饭，并把步骤1做好的猪肉放在米饭上面，然后依次加上黄油面酱和白汁沙司。撒上面包粉，再撒上奶酪和黄油，然后放在烤箱中烤出焦色。

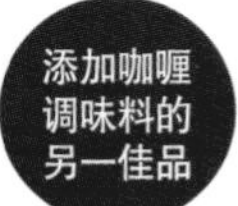

咖喱鱼贝鸡米饭

搭配起来非常完美的两种沙司，米饭中间夹着猪肉，层次感更加分明。沙司并没有完全浸没到米饭里面，没有让米饭发黏。

主厨建议

在煎制猪肉的时候，也可以煎制成半熟。因为之后还会用烤箱加热，因此先稍微煎制一下，这样用烤箱烤制的时候不容易烤制过火，以防变硬。

肉泥咖喱

肉泥即碎肉馅。因为比较容易将美味的肉汁烹制出来，所以炖制时间只需要几分钟。烹饪简单，食用的时候一定要搭配黄油米饭。

主厨建议

由于咖喱酱炖制时间比较短，所以在炒制的时候一定要先把咖喱的香味煸炒出来，然后再加入水。在吃黄油米饭的时候，黄油是米饭和咖喱的有效粘连剂，会将所有的食材自然混合在一起。

材料（2人份）

- 黄油米饭（温热P158）…360g
- 牛肉泥……………………240g
- 洋葱（切细末）……… 1/2个
- 蘑菇（粗细末）………… 6个
- 辣椒（切粗末）……… 1/2个
- 咖喱粉………………… 1大勺
- Ⓐ 番茄酱（不添加食用盐）…………………… 1/2杯
- Ⓐ 水………………… 1/2杯
- 色拉油……………… 1½大勺
- 淀粉…………………… 1小勺
- 食用盐、白胡椒粉……各适量

1 将色拉油放在平底锅中加热，然后放入洋葱翻炒，加入1小撮食用盐，将洋葱炒至透明。

2 加入蘑菇和辣椒，当油全部沾在这两种食材上面之后加入咖喱粉并混合搅拌。咖喱粉煸炒出香味之后，加入牛肉泥，并加入1小勺食用盐。

3 待肉泥炒至变色，加入材料Ⓐ并混合搅拌，微微煮制几分钟。用等量的水把淀粉溶解后加入锅中，进行勾芡。最后加入食用盐和白胡椒粉进行调味。

4 把黄油米饭装在盘子里，将步骤3做好的咖喱浇在米饭中间即可。

材料（2人份）

米饭（温热）………… 360g
鸡腿肉（2cm方块）… 1/2根
洋葱（1.5cm方块）… 1/4个
全麦粉……………… 适量
葡萄干…………………… 10g
咖喱粉………………… 1大勺
Ⓐ 番茄汁（无添加食用盐）……………… 2大勺
番茄酱………… 1½大勺
黄油………………… 1⅓大勺
食用盐、白胡椒粉… 各适量
青豌豆（盐水煮）…… 适量

1 在鸡肉上撒上盐、白胡椒，然后沾上薄薄的一层全麦粉。把1/3大勺黄油放在平底锅中加热，然后加入洋葱和1小撮食用盐，把洋葱炒至透明。最后，加入鸡肉翻炒。

2 微微翻炒之后，把米饭和1大勺黄油加到锅中，用锅铲把米饭铺匀，并轻轻翻炒。

3 加入葡萄干和咖喱粉，充分搅拌至咖喱粉和米饭混合均匀。然后加入1小勺食用盐和白胡椒粉。

4 把材料Ⓐ加入锅中，并用大火加热，用锅铲翻动，让水分蒸发掉。盛在盘子里，撒上青豌豆即可。

咖喱炒饭

口味干爽的咖喱炒饭中时不时的出现一两个甜甜的葡萄干，味道更美。

主厨建议

加入咖喱粉之后要充分炒制才会煸出香味。此外，不要让米饭发黏，番茄汁等带水的食材要在最后添加，并要保证水分迅速蒸发。

肉糜沙司意大利面

肉质鲜美并伴有番茄味道的肉糜沙司是很多人都喜欢的上档次料理。
洋葱和奶酪、香芹混合在一起，非常温和的味道。除了可以和意大利面搭配在一起，也可以和米饭一起炒。

材料（2人份）

意大利面（1.6cm） ……………… 160g

肉糜沙司（做好之后大约3杯，此步骤使用1杯※1）

- 牛肉泥 …………………………… 600g
- 洋葱 ……………………………… 3/4个
- 蘑菇 ……………………………… 9个
- 大蒜（切细末） ………………… 1头
- 番茄沙司（P54） ……………… 1½杯
- 番茄汁（无添加食用盐）……1½杯
- 色拉油 …………………………… 1大勺
- 食用盐、黑胡椒粉 …………… 适量
- 手撕奶酪 ………………………… 30g

香芹（切细末） ………………… 少量

奶酪※2 …………………………… 适量

※1 用以上量的材料可以做得非常美味，用材料的1/3做成的肉糜沙司就可以够2人份的意大利面使用。
※2 建议使用帕马森乳酪。

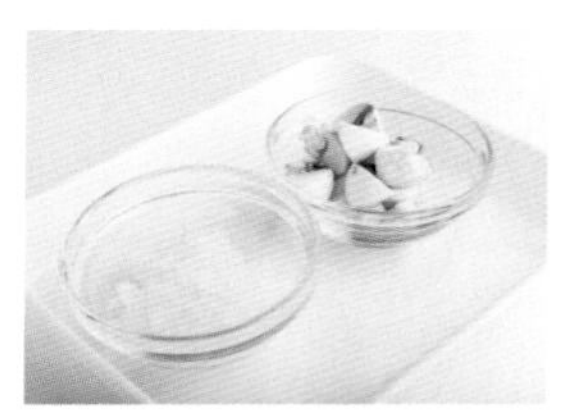

1

把蘑菇切成4等份，洋葱切成细碎末。

2

把色拉油放在平底锅中微微加热，然后把大蒜、洋葱加进去翻炒。加入食用盐翻炒出香味，煸炒透明之后，加入蘑菇并煸出香味。

3

加入肉泥，加入1小勺食用盐和黑胡椒粉，用木锅铲翻炒，并把肉泥搅拌碎。

4

把肉泥炒至变白，加入番茄沙司和番茄汁，再加入1小撮食用盐和黑胡椒粉，用大火煮制。

5

当沙司变少到能看见肉末时关火。让沙司味道进入到肉末中。这样肉糜沙司就制作完成了。

6

将足量的水烧开，加入1%食用盐，然后把意大利面煮一下，趁沙司还热的时候，把刚刚煮好的意大利面加进去，并用夹子轻轻混合。

7

加入手撕奶酪并混合均匀，再加入2大勺汤汁，让意大利面和沙司充分混合。装在盘子里，撒上奶酪和香芹。

主厨建议

为了让肉糜沙司更加有味道，必须要用到的是蘑菇。蘑菇的香味比较温和且非常美味，可以将整体的食材调和在一起，做出来的沙司会更加美味。

肉糜土豆泥

如果有肉糜沙司的话，可以简单地做出以下可口的料理。土豆泥和肉糜沙司混合在一起，这样的搭配非常完美。也可以作为红酒的下酒菜。

材料（直径9cm、高5cm的砂锅1个）

肉糜沙司（P140） … 5大勺
土豆泥（P129） …… 5大勺
手撕奶酪………………… 5大勺
香芹（切细末）………… 适量

1 加热肉糜沙司。在砂锅中放入肉糜沙司、土豆泥、手撕奶酪。然后按这样的顺序再铺一层。

2 放在烤箱中，烤出颜色，然后撒上香芹即可。

这是法国典型的家庭小菜。土豆泥和肉糜沙司可以多做一些，放在冰箱冷冻室里保存，如果有重要客人突然来访，不会措手不及。

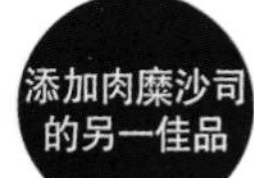

盖浇面

盖浇面和美味的肉糜沙司以及温和的白汁沙司充分混合在一起后烤制而成。沙司会满溢整个盘子，尽情享受这一美味吧！

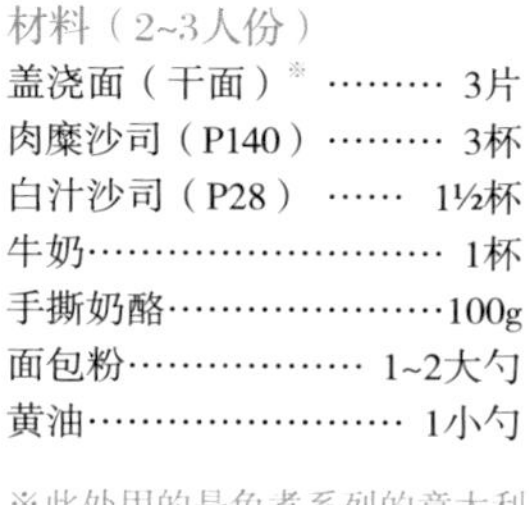

材料（2~3人份）

盖浇面（干面）※ ……… 3片
肉糜沙司（P140）……… 3杯
白汁沙司（P28）…… 1½杯
牛奶……………………… 1杯
手撕奶酪…………………100g
面包粉……………… 1~2大勺
黄油……………………… 1小勺

※此处用的是免煮系列的意大利面（parira公司・加蛋意大利干面）。

1 将烤箱加热到220℃。在锅中加入肉糜沙司和60ml水用中火加热稀释。在另一个锅中加入白汁沙司和牛奶，用中火加热稀释。

2 在耐热容器中铺上肉糜沙司，然后按照盖浇面、奶酪、白汁沙司的顺序依次铺在盘子里，重复铺两层。最后，在上面撒上面包粉、奶酪和黄油。

3 将烤箱调到220℃，烤制15分钟，直到上色。

主厨建议

盖浇面原本是手擀意大利面。现在可以在普通的超市中买到盖浇面的干面条。今天介绍的烹调法中用到的是免煮系列的意大利面。如果选用的是煮制类意大利面，在煮完之后，先把水分沥干，然后再浇上肉糜沙司。这样步骤**1**中的肉糜沙司和白汁沙司就不需要用中火加热稀释了。

材料（2人份）

- 鸡蛋……………………………………………… 4个
- 鸡肉饭
  - 黄油米饭（温热P158）………………300g
  - 鸡腿肉 ……………………… 1/3根（70g）
  - 蘑菇 ……………………………………… 2个
  - 那不勒斯沙司（P58） ………………100g
  - 色拉油 …………………………… 2/3大勺
  - 全麦粉 ……………………………………适量
  - 食用盐、白胡椒粉 …………………各适量
- 色拉油………………………………………… 4大勺
- 黄油…………………………………………… 2小勺
- 那不勒斯沙司（P58） ………………… 60g
- 青豌豆（盐水煮）……………………………10粒

主厨建议

制作美味料理时，尺寸合适的器具非常重要。如果是做蛋包饭，可以选用直径18cm的平底锅，这样的锅可以让鸡蛋的厚度和米饭之间保持更美观的平衡。沙司可以替换成白汁沙司，这样做出来的蛋包饭也会非常美味可口。

蛋包饭

非常松软的鸡蛋番茄味的鸡肉米饭是人人都喜欢的一款美味料理，让人回味无穷。

浇上番茄味的沙司之后，会给米饭增添一些酸甜口味。如果做的分量小一些，可以作为便当主食来食用。

1

制作鸡肉米饭（P60）。制作完成后把1人份的量放在平底锅中，然后铺成蛋包饭的形状。

2

把鸡蛋打碎。把2大勺色拉油放在直径18cm的平底锅中加热，然后把1小勺黄油放在锅中，并立即加入1人份的蛋液。

3

一边转动平底锅，一边用锅铲迅速混合。先用锅铲从平底锅的边缘开始由外向内翻动，这样油会全部沾满鸡蛋，然后再翻动混合内侧的鸡蛋。

4

当平底锅边缘部分的鸡蛋开始蓬松并鼓起来的时候，把鸡肉饭放在鸡蛋饼的一侧上。

5

把平底锅倾斜放置，把另一侧的鸡蛋饼包在鸡肉米饭上。卷起鸡蛋饼，直到完全把鸡肉米饭卷起来。

6

把平底锅中的蛋包饭放在盘子里，放的时候要慢慢地将其反过来。用手把形状整理一下，然后把那不勒斯沙司加热一下浇在上面，再撒上青豌豆。按照同样的方法把另一份做好。

材料（2人份）

米饭（温热）	400g
蟹子（粗蟹肉末）	100g
蟹子（蟹肉装饰用）	4根
洋葱	1/6个
旱芹	1/6棵
胡萝卜	1/6根
蘑菇	6个
辣椒	1小个
香芹（切细末）	适量
黄油	2¼大勺
全麦粉	适量
食用盐、白胡椒粉	各适量

主厨建议

此烹调法是直接将米饭和黄油加到平底锅中制作而成的黄油米饭。也可以用事先做好的黄油米饭（P158），使制作过程更简便。蟹肉也可以用蟹肉罐头，做出来也会非常美味，还可以把罐头里面的汤汁一起加进去，更加入味。

蟹子菜肉烩饭

将黄油米饭轻轻炒制，上色之后味道会更香，这就是菜肉烩饭的魅力所在，也是和炒饭的不同之处。
想要尽情享受美味的蟹子菜肉烩饭，只需要10分钟即可。蔬菜的甘甜也是烩饭的另一大特色。

1

把洋葱、旱芹、胡萝卜等切成细末，辣椒切成细丝，蘑菇切成薄片。在装饰用的蟹肉上面沾上全麦粉，然后用1/4大勺的黄油轻轻加热。

2

把1大勺黄油放在平底锅中加热，把步骤**1**的洋葱、旱芹、胡萝卜放进锅里，并用小火充分炒制，将蔬菜中的香味全部煸炒出来。

3

把蘑菇和米饭、1大勺黄油加入锅中，加入1/3小勺食用盐和白胡椒粉，用大火炒制。一边转动平底锅一边翻炒，直到每一粒米饭上面充分沾满黄油。

4

在翻炒过程中加入步骤**1**处理好的辣椒，米饭炒制出香味并呈焦色时，把蟹肉加进去，迅速翻炒后盛在盘子里。把蟹肉棒和香芹洒在上面。

鸡蛋三明治

以人气鸡蛋三明治为例，介绍三明治的基本制作方法。
松软可口的面包入口之后，便是糊状的鸡蛋滑入嘴中。
口感非常相似，因此入口之后会让面包和鸡蛋融为一体，尽情享受其中的美味吧！

材料（2人份）
面包（8片装）※1 …………… 4片
配料
- 鸡蛋 …………… 3个
- 洋葱（切粗末）…………… 1/2个
- 蛋黄酱 …………… 50g
- 食用盐 …………… 1/3小勺
- 白胡椒粉 …………… 适量

芥末黄油※2
- 黄油 …………… 2大勺
- 芥末 …………… 1大勺

香芹（切碎末）…………… 适量

※1 做三明治用的面包片如果很厚，吃起来会不方便。8片装的厚度正合适，这样吃起来比较方便。
※2 芥末黄油是黄油和芥末按照2：1的比例混合而成的。芥末会让三明治味道更美。

主厨建议

制作三明治最重要的是从涂配料到切分之间的过程一定要迅速。如果面包干了，材料便不容易黏在一起，因此一定要加快速度。在混合配料的时候也要注意。用左手转动碗，右手拿着锅铲贴着碗边从碗底开始均匀混合，这样口感会更好。

1

小锅中加入少量水和醋（备用外），放入鸡蛋并加热，沸腾之后继续煮制9分钟，从水里捞出来，把蛋皮去掉，冷却至常温。把蛋清和蛋黄分开，然后分别切成细末。

2

用水把洋葱焯一下，然后把水分沥干放在碗里。把步骤**1**处理好的鸡蛋、食用盐、白胡椒等加进去，用锅铲从碗底混合搅拌。加入蛋黄酱，按照同样的方法混合。

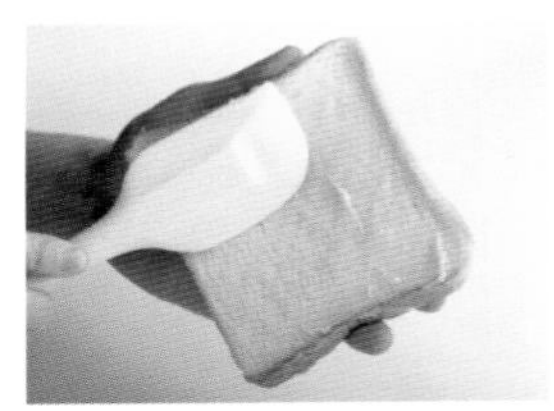

3

混合黄油和芥末，制作出芥末黄油，然后均匀涂在面包片的一面上。

4

在涂有芥末黄油的一面中间放上步骤**2**处理好的食材，抹匀。中间多一些四周少一些。另一片面包也涂上芥末黄油，并把有芥末黄油的一面朝下叠放在一起。

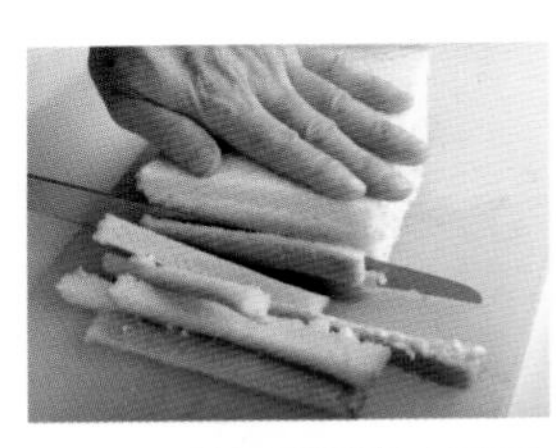

5

用手压着面包片，把两端的碎边切下来。每切一刀后用湿毛巾擦一下刀，这样横断面比较干净，看上去卖相比较好。

6

把手反过来，用手指按着面包，在食指和中指指尖用刀把面包切开。刀要前后方向移动，用刀自身的重量把面包切开。平均分成3份，装在盘子里撒上香芹。

面包需不需要烤一下呢？

面包三明治可以分为两种。一种是鸡蛋三明治，直接用现成的面包片，配菜建议用和面包片比较搭配的鸡蛋和蔬菜；另一种是蟹肉三明治，需要用烤制面包片，香味较浓，口感更好，所以比较适合肉类三明治。如果用的是烤制面包片，配菜需要常温，温热后会把面包片弄湿，三明治就不好成形了。

俱乐部三明治

主要材料是鸡脯肉，将鸡脯肉全部放在面包片的中间，层次分明。

1 在小锅中加水，煮沸后加入1%的盐（如果有条件，可以加一些生姜或者长葱的绿色部分），加入鸡脯肉后把火关掉。放置10分钟，让余热把鸡脯肉热透。最后再把鸡脯肉切成2cm厚的斜片。

2 煮鸡蛋、番茄切成薄片，撒上食用盐和白胡椒粉。把卷心菜切成细丝，加入蛋黄酱混合。

3 黄油和芥末混合后做成芥末黄油。把面包轻轻烤制一下，在其中一面上涂上芥末黄油。

4 把涂有芥末黄油的一面朝上，然后按照卷心菜、番茄、鸡脯肉、煮鸡蛋、卷心菜的顺序依次放入。另一片面包涂上芥末黄油，把芥末黄油的一面朝下叠放在一起。

5 把两边的碎边切掉，以X形将三明治切分。同样方法制作另外一份。

材料（2人份）

面包（8片装）……………………4片
鸡脯肉………………………………1片
煮鸡蛋………………………………2个
西红柿………………………………2个
卷心菜……………………………1/8个
蛋黄酱………………………………30g
芥末黄油※
 黄油 ……………………………2大勺
 芥末 ……………………………1大勺
食用盐、白胡椒粉………… 适量

※ 芥末黄油是黄油和芥末按照2：1的比例混合而成的。芥末会让三明治的味道更美！

1 把黄瓜切成均匀的两半，然后切成薄片，擦去水分，连同番茄、煮鸡蛋等一起撒上食用盐和白胡椒粉。把色拉菜撕成适当的大小。

2 把黄油和芥末混合在一起做成芥末黄油，涂抹在面包其中一面上。

3 把涂有芥末黄油的一面朝上，按照黄瓜、色拉菜、番茄、煮鸡蛋、蛋黄酱、火腿、黄瓜的顺序依次放入。另一片面包涂上芥末黄油，把芥末黄油的一面朝下叠放在一起，并从上面轻轻按压。

4 把两边的碎边切掉，斜着把三明治均分开。同样的方法制作另外一份。

材料（2人份）

面包（8片装）……………4片
黄瓜……………………1根
色拉菜[※1]………………8片
煮鸡蛋（薄片）……………1个
西红柿（薄片）……………2个
火腿……………………6片
蛋黄酱……………………30g
芥末黄油[※2]
黄油…………………2大勺
芥末…………………1大勺
食用盐、白胡椒粉………… 适量

※1 可以选用莴苣、绿豌豆等。
※2芥末黄油是黄油和芥末按照2：1的比例混合而成的。芥末会让三明治的味道更美。

混合三明治

主要材料是蔬菜，用鸡蛋和火腿会让三明治的味道更上一层楼。

1 在猪里脊肉的肥肉上切出豁口（P68），撒上食用盐、白胡椒粉，然后沾上全麦粉。按照鸡蛋、面包粉的顺序沾上去。

2 油加热到160℃，把步骤1处理好的食材慢慢放入锅中，油温上调到180℃。上色之后，捞出来放在网子上面晾一下。浇上沙司后立即从锅里把网子拿出来。

3 把卷心菜切成丝，拌上蛋黄酱。

4 把面包轻轻烤制一下，在其中一面上涂上芥末粒。

5 把涂有芥末粒的一面朝上放置，然后按照卷心菜、炸猪肉、卷心菜的顺序把材料放在面包片上。在另一片面包上面涂上芥末粒，让涂有芥末粒的一面朝下和另一片面包叠放在一起，从上面轻轻按压。

6 斜着切成两等份。同样的方法制作另外一份。

炸肉排三明治

说起西餐厅的三明治，最常见的就是这款炸肉排三明治了。
非常有厚度的炸肉排，饱满的肉汁会让您大饱口福。

材料（2人份）

面包（8片装）……………………4片
猪里脊肉※ ……2片（每片130g）
面包粉、全麦粉、鸡蛋… 各适量
卷心菜…………………………1/8个
蛋黄酱…………………………30g
芥末粒…………………………40g
沙司（易操作的量）
{中浓度沙司………………1/4杯
{番茄酱……………………1小勺
油……………………………适量
食用盐………………………2/3小勺
白胡椒粉……………………适量

※选用和面包片厚度相同的猪里脊肉。

木桶三明治

法国风味的三明治，法式面包的酥脆提升了三明治的浓香。

1 把熏肉放在氟树脂加工平底锅中煎出颜色。把法式面包从中间横向切成两半，在横断面上涂上芥末。

2 在法式面包的下面依次放上熏肉、铅笔奶酪、番茄，然后把面包片叠起来。

材料（2人份）

法式面包………… 15cm长的1个
熏肉※1………………………… 2片
铅笔奶酪（薄片）※2……… 4片
番茄（7mm薄片）………… 3片
芥末……………………… 1大勺

※1 还可以用生火腿、陶罐食品、熏鲑鱼、卡芒贝尔干酪等。如果用熏鲑鱼，可以用黄油代替芥末。

※2 奶酪为铅笔形状，附赠卷笔刀，食用时用卷笔刀像削铅笔一样削出所需的量。

沙司面包

刀叉并用来吃的法式美味面包。味道非常浓郁的白汁沙司和面包片充分融合在一起，尽情享受其中的美味吧！

主厨建议

这种沙司是仅仅在白汁沙司里加一点奶酪和生奶油、牛奶制成的“美味沙司块”。即使是凉的，味道也非常好，也可以包在铝箔纸中在午餐时食用。

材料（2人份）

面包（6片装）………… 2片
黄油…………………… 2小勺
火腿…………………… 4片
沙司
- 白汁沙司（P28）…… 1大勺
- 手撕奶酪……………… 30g
- 生奶油……………… 1/4杯
- 牛奶……………… 1/4杯

1 将面包片轻轻烤制一下，涂上黄油，分别把两片火腿放在面包片上。

2 把沙司材料放在小锅里加热，混合搅拌。注意不要加热焦了，奶酪融化即可。

3 把步骤2处理好的沙司放在步骤1处理好的面包片上面，然后放进烤箱中烤制出颜色。

材料（2人份）

面包（6片装）………… 2片
黄油…………………… 2小勺
火腿…………………… 4片
鸡蛋…………………… 2个
色拉油………………… 2大勺
沙司
白汁沙司（P28）…… 1大勺
手撕奶酪 ……………… 30g
生奶油 ……………… 1/4杯
牛奶 ………………… 1/4杯
黑胡椒………………… 适量

1 将面包片轻轻烤制一下，涂上黄油，分别把两片火腿放在面包片上。

2 把沙司材料放在小锅里加热，混合搅拌。注意不要加热焦了，奶酪融化即可。

3 参照制作火腿鸡蛋的要领做成煎荷包蛋。

4 把步骤2处理好的沙司放在步骤1处理好的面包片上面，然后放进烤箱中烤制出颜色。把煎荷包蛋放在上面，撒上黑胡椒粉。

沙司煎蛋面包

在沙司面包上加上煎荷包蛋就做成了沙司煎蛋面包。用刀把蛋黄割开，浇上沙司一起享用。

主厨建议

味道的重点在黑胡椒上。黑胡椒可以把整体的味道勾出来，吃起来沙司的味道会更清淡一些。白汁沙司和鸡蛋的香浓气息组合在一起，再泡一杯茶，在午餐的时候尽情享受这一份美味吧！

材料（2人份）

面包（4片装）………………………… 2片

蛋液

- 鸡蛋 ………………………………… 2个
- 白砂糖 ……………………………… 70g
- 牛奶 ………………………………1½杯
- 生奶油 ……………………………1/2杯
- 朗姆酒 …………………………… 1小勺

黄油…………………………………… 2大勺

肉桂粉、薄荷………………………… 少量

法式吐司

鸡蛋和牛奶的甘甜全部进入面包内，然后慢慢煎制。吃的时候黏黏地融化在嘴里，像蛋奶冻一样满溢在整个唇齿之间。

面包上面沾满蛋液会更好吃一些，建议面包片厚一点。因为材料多半是容易煎糊的类型，所以在煎的时候一定要仔细。

1

把鸡蛋和白砂糖充分混合在一起，让白砂糖融化。逐渐加入牛奶，然后把所有材料全部加进去，充分搅拌混合。

2

把两边的碎边切掉，然后斜着切分成两半。放在衬垫上，把步骤1处理好的蛋液边搅拌边浇到面包片上。包上保鲜膜，在冰箱冷藏室里放置一晚，让蛋液充分进到面包的最里面。

3

黄油放入平底锅中加热，把步骤2处理好的面包片放在平底锅里，盖上盖，用小火慢慢煎制。上色之后翻面，然后盖上盖煎制另一面。煎制完成之后，把锅盖取下来，让面包表面干燥，装在盘子里，撒上肉桂粉和薄荷。

主厨建议

如果步骤2中有蛋液剩余，在煎制的过程中也可以直接浇在上面。面包的碎边会影响口感，切掉之后，沾一点蛋液在上面，如果喜欢甜味，也可以加一点蜂蜜。

法式吐司是什么？

在法国并没有“法式吐司”这一说法，而是一种称作“面包必备”的料理。最初是源自于把变硬的法式面包烹制成美味料理的做法，可以把家里变硬的法式面包做成和法式吐司一样的美味面包，既可以充分利用面包，又可以享受美味。

“西餐米饭”

黄油米饭

大宫主厨教学！

可以和米饭完美搭配也是西餐受人欢迎的一大理由，例如汉堡包牛排、炸猪排等小菜类的料理也可以和米饭搭配。一般在西餐菜单中也有和黄油米饭相搭配的菜品。黄油所起的作用就是连接料理和米饭，使它们成为一个整体，吃起来会更加美味。浓厚、温和的黄油完全进到米饭里面，使每一粒米饭都非常美味。如果有清汤，可以代替水，这会让味道更加纯正。黄油米饭可以搭配肉糜咖喱、施特罗加诺夫牛肉饼等。

材料（2人份）

米…………………………………500g
洋葱（切细末）……………… 1/2个
黄油……………………………… 50g
食用盐………………………… 2小勺
白胡椒粉……………………… 适量
月桂……………………………… 1片

1

把米淘洗一下，放置到半干。

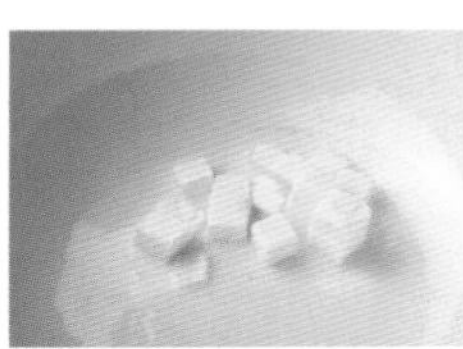

2

在厚底锅中加入黄油并加热，让黄油融化，注意不要烤焦。

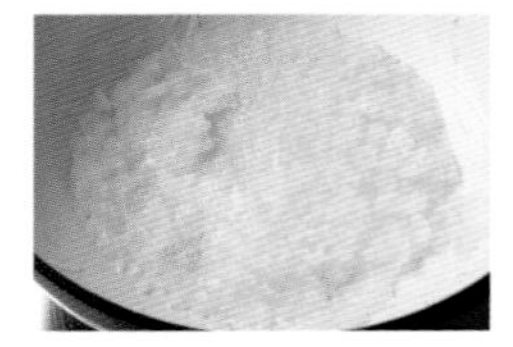

3

把洋葱加进去，炒至透明，然后加入食用盐和白胡椒粉。

4

加入步骤**1**处理好的米，和黄油一起搅拌，从锅底搅拌会比较均匀一些。注意不要把米弄碎。

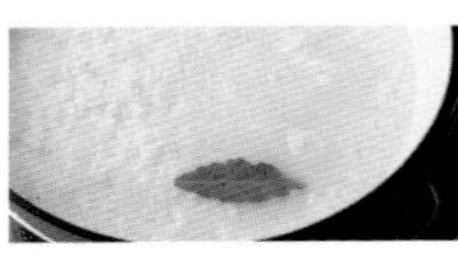

5

加入2½杯水、月桂，盖上锅盖用大火加热。

6

当水沸腾之后，从锅底搅拌一下，然后用小火继续加热直到锅里的水蒸干。

7

当水被蒸干之后，再次搅拌混合。可以冷冻保存。

用白米饭速制黄油米饭

如果时间不太宽裕，可以直接用蒸好的米饭制作黄油米饭。把米饭和黄油一起放在微波炉中加热。混合搅拌让米饭上面沾满黄油，然后用平底锅翻炒，加入食用盐、白胡椒调味。黄油会在米饭表面形成黄油膜，翻炒过程中米饭也不会被弄碎，继续保持一粒一粒的状态。

事先用黄油在米饭表面形成表层，米饭不容易炒焦，而且会一粒一粒的，非常干爽。

第六章

饭后尽情享用的甜点

一起来尝试西餐厅的三大甜点吧

布丁、巴伐利亚奶油糕点（布丁状甜点心）、裱花蛋糕，西餐厅中的三大甜点。非常柔软，入口即化的感觉非常棒！这些在西餐厅里也非常有人气的甜点可以在纪念日、生日时自己动手制作哟！

西餐厅里的蛋奶冻布丁

在此介绍一种传统的烹调法。鸡蛋的浓厚感中焦糖的苦味略胜一筹。完全凝固，入口即化的硬度正合适。老少皆宜的一款甜品。

材料（直径6.5cm、高3.5cm的布丁模具，8份装）

- 鸡蛋…………………………………… 2个
- 砂糖…………………………………… 50g
- 牛奶…………………………………… 1杯
- 生奶油（乳脂肪含量45%）… 1/2杯
- 香草棒………………………… 1/2根
- 焦糖沙司
  - 砂糖…………………………… 150g
  - 水…………………………… 35ml
- 打至九分泡的生奶油、薄荷… 各适量

美味诀窍

主厨建议

当从模具中取出来的时候，用竹签先在模具内侧转一圈，然后把模具直接扣在盘子上，这样布丁就完整地被取出来了。如果想要做玻璃器皿甜点，可以把蛋液倒在耐热玻璃器皿中蒸制。在吃之前浇一点焦糖沙司，味道也不错！

1

把制作焦糖沙司的焦糖放在厚底锅中用中火加热。一边转动锅一边加热，在烤焦之前加入水。

2

快速把锅晃动一下，使其混合，然后立即倒进模具里，使其凝固变硬。

3

把香草棒的前端纵向切开，用刀的前端捋一下，这样里面的香草籽就会被挤出来。把烤箱预热到150℃。

4

在锅里加入牛奶、生奶油以及步骤3中香草籽的香草棒，加热至煮沸腾。途中把锅旋转一下，用木铲子从锅底进行搅拌。

5

把鸡蛋和砂糖放入碗中，用打泡器打出泡沫。当变成白色之后，加入步骤4处理好的食材，充分混合搅拌均匀。

6

用漏勺过滤步骤5处理好的食材。

7

把步骤6做好的材料倒进步骤2的模具里。在烤箱里薄薄地洒上一层热水，然后把模型放在烤箱中，加热15分钟左右。

8

当把模具倾斜之后，布丁也不会流出来，中间部分稍微有点晃动即完成烤制。当余热基本散去之后，放在冰箱冷藏室里冷却。当从模具中倒出来时，把生奶油挤在上面，然后放一点薄荷在上面作装饰。

材料（直径6.5cm、高3.5cm的巴伐利亚奶油糕点模具，6份装）

蛋黄……………………………………… 6个
砂糖……………………………………… 70g
牛奶……………………………………… 230ml
生奶油…………………………………… 80ml
明胶……………………………………… 8g
香橙果肉※1 ……………………………… 2个份
橙汁※2 ………………………………… 1/2杯
大马尼尔酒※3 ………………………… 2小勺
香橙皮…………………………………… 少量
细叶芹…………………………………… 适量

※1 用6瓣果肉来装饰，剩余的全部切成1cm的小方块。
※2 香橙榨汁后味道会更好一些，但也可以用100%纯橙汁。
※3 香橙味的甜露酒。也可以用橙皮甜露酒。

主厨建议

如果想要做出纯正的味道，可以不用香橙（果肉、果汁、果皮）和大马尼尔酒，直接用100ml牛奶代替即可。然后在步骤4中加入1小勺朗姆酒或白兰地，再混合少量香子兰精即可。

橙汁巴伐利亚奶油糕点

超具人气的巴伐利亚奶油糕点入口即化，鸡蛋和牛奶的味道迅速在口中扩散开来。

此处添加了香橙果汁、果肉以及橙皮，味道更加清爽。制作方法简单，味道纯正，一定要试一试哟！

1

明胶放在水里泡发备用。把牛奶加到锅里，轻微沸腾后冷却至温热，加入明胶，煮化。

2

把蛋黄和砂糖一起放在碗里，用打泡器打泡。当砂糖全部融化之后，把步骤1处理好的材料放进去。用过滤筛子过滤一下，放在厚底锅中。

3

加热步骤2的食材，用锅铲充分搅拌，保持轻微沸腾的状态。把汤捞起来，用嘴对着吹起波纹，达到这样的勾芡状态即可关火。

4

把材料倒进碗里，把切成1cm方块的香橙果肉以及果汁、橙皮、大马尼尔酒放到碗里一起搅拌混合。然后放在冰水里冷却，直到凝固成膏状，从冰水中取出来。

5

把生奶油打出七分泡沫（和步骤4同样），加到碗里混合。然后倒在模具中，放在冰箱冷藏室里冷却凝固。从模具中倒出来，在每一个上面放上一瓣香橙果肉和一片细叶芹进行装饰。

材料（21cm的蛋糕模具，1个装）

海绵蛋糕

- 鸡蛋……………………………… 4个
- 砂糖……………………………… 140g
- 全麦粉…………………………… 120g
- 黄油……………………………… 30g
- 牛奶……………………………… 2⅔大勺

奶油

- 生奶油…………………………… 700ml
- 砂糖……………………………… 50g

糖浆（易操作的量）

- 水………………………………… 1/2杯
- 砂糖……………………………… 60g
- 樱桃白兰地……………………… 1⅓大勺

草莓……………………………… 3包

主厨建议

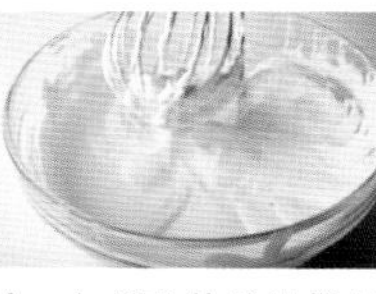

把生奶油放在碗里，用打泡器把其中一侧打出泡沫。如果感觉整体比较硬，可以把另外一侧也打出泡沫一起混合。如果整体奶油都变硬了，可以加少量牛奶进行稀释。

裱花蛋糕

柔软细腻的海绵蛋糕和松软的生奶油以及酸甜的草莓搭配在一起，是每个人都非常喜爱的美食。
建议选用比较酸一点的草莓。这样可以重点突出甜甜的海绵蛋糕和奶油。

1

在蛋糕模具上铺上一层纸。把鸡蛋和砂糖放进碗里，加入和体温相同的热水，用手摇搅拌器高速打泡，当呈现白色时再改用低速打泡。

2

拿出手摇打泡器，材料变成比较柔和的丝带状即可。在另一个小碗中加入黄油和牛奶，用温水融化备用。

3

把面粉加到碗里，用勺子搅拌材料。用左手拿着碗，旋转着把材料混合搅拌均匀。

4

把步骤2融化好的黄油和牛奶加到材料里，混合搅拌。把材料倒进蛋糕模具中，用勺子搅拌混合。

5

放在180℃的烤箱中烤制20~25分钟。当上色非常均匀且形状漂亮时从烤箱中取出来。

6

从模具中把蛋糕倒出来，直接带着纸倒在盘子里，放置至余热散去。如果放置时间很长，需要在上面包一层保鲜膜。这期间可以把糖浆材料放在小锅中煮制后冷却，做成糖浆备用。

接下页▶

7

把生奶油和砂糖打出七分泡沫（如果条件允许，可以放在冰箱冷藏室中放置3个小时或一晚）。拿出9个草莓，将一个切成4等份，其余的全部切成两半。

8

把海绵蛋糕横着切成三层。

9

在最下面的一层蛋糕上涂上糖浆。

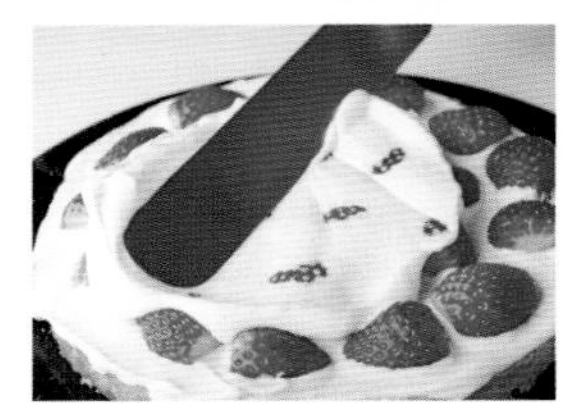

10

涂上生奶油，把切成两半的草莓摆在上面。把奶油摊开，在中间层的蛋糕上涂上糖浆，涂有糖浆的一面朝下放在最下面一层蛋糕的上面。

11

把从中间挤出来的奶油全部涂在侧面。在上面的蛋糕上涂上奶油。

12

把侧面挤出来的奶油全部涂抹均匀，最后把蛋糕最上面的奶油摊平。

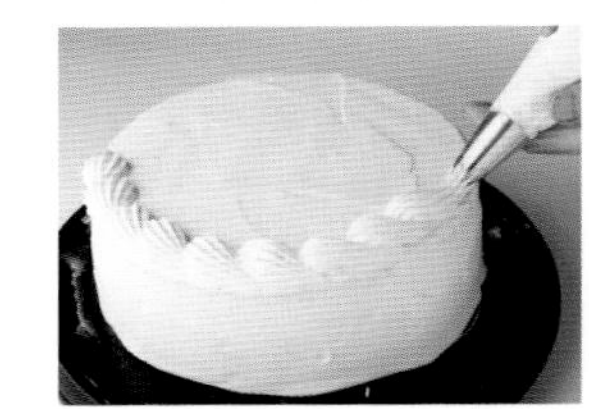

13

把奶油装在裱花袋里，然后迅速挤出来。如果双手把奶油温热了，奶油挤出来的时候就会不太流畅，所以注意不要用手把奶油加热。最后放上草莓装饰。

制作诀窍！

大宫主厨在做美味蛋糕材料的时候，会用盛米饭用的勺子来搅拌面粉。勺子的面积比较大，凹陷的圆弧形曲线可以一次性搅拌很多材料，用较少的搅拌次数把材料完全混合均匀。注意，气泡非常充分的材料是烤制出柔软海绵蛋糕的秘密所在！

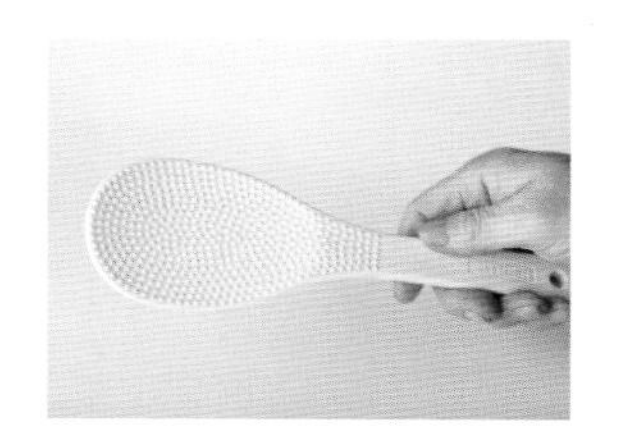

香蕉蛋糕

这里介绍一款用海绵蛋糕制成的甜点。甘甜软糯的香蕉和海绵蛋糕组合在一起，会让人品尝到幸福的味道！

材料（4个）

海绵蛋糕（P165）…………1个
生奶油…………250ml
砂糖…………25g
香蕉…………4个

1 海绵蛋糕横向切成4等份。

2 在生奶油中加入砂糖，打出八分泡即可。

3 在步骤1的海绵蛋糕上面涂上生奶油，把香蕉横向放在中间偏外一点，然后对折，切成适当大小装在盘子里。

料理说明

此书中所介绍的绝大部分料理均可以按照基本烹调法用基本食材烹制。但是，偶尔也会遇到从没有听说过的用语或没有买过的食材。当您在为这些而感到困惑的时候，可以参考这里的便利说明。
这里分别按照切法、基本食材、便利的道具、香草与香料与料理专业用语等不同的部分进行介绍，供您在烹饪、购入食材时参考使用。

基本切法

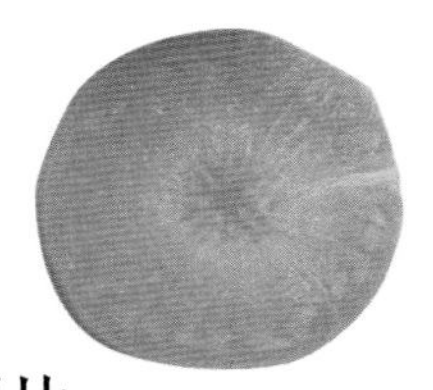

切圆片

把圆柱形的蔬菜横放，从头开始切。厚度可以根据料理适当调整。

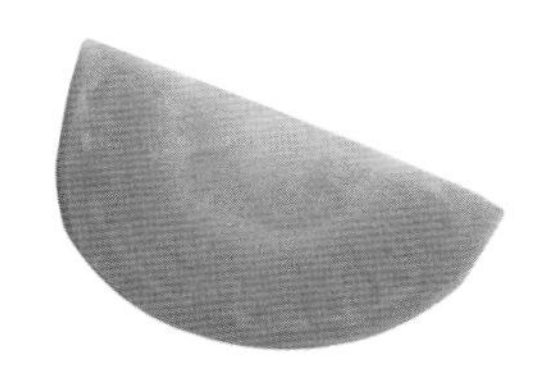

半月片

把圆形的蔬菜从中间竖着切开，然后从头开始切成薄片。和名字一样，切成半月形。

切扇状（银杏切）

像胡萝卜等圆柱形的蔬菜，可以从中间竖着切开，然后把切口贴在菜板上，继续从中间竖着切开，再从头开始切成一定厚度的薄片。因切出的形状像银杏叶子的形状，由此而得名。

切细丝

把蔬菜切成4~5cm的长条薄片段状，也可以切成薄圆片后叠在一起切成细丝。如果顺着纤维的方向切，吃起来会非常清脆，如果把纤维切断，吃起来就会柔软一些。

切法专业用语

在烹调法中必定会出现的就是切法，正确的切法是制作美味料理的第一步。如果不确定切法，可以参照此图解。

切粗条、细条

把蔬菜切成长5~6cm、宽1cm的方柱形。

切菜丁、骰子块

把蔬菜切成5~6cm长的段状，然后沿竖方向切成1cm厚的薄片，再把长段横放，按照相同的方法，切出1cm的立方体。因为尺寸和骰子的大小相似，因此而得名。

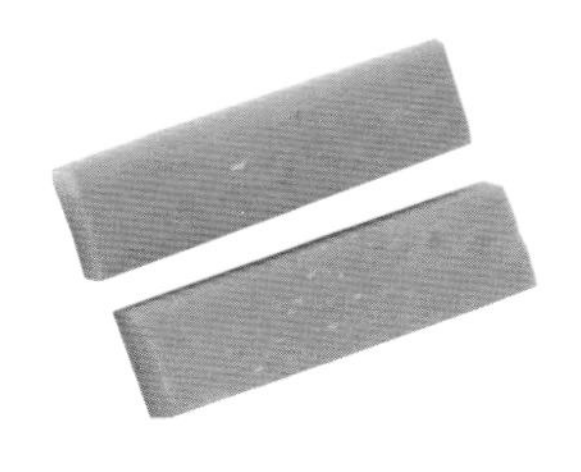

方柱形切法（棒子状）

把蔬菜切成长5~6cm、宽1cm的方柱形。因为和棒子的形状非常相似，由此而得名。

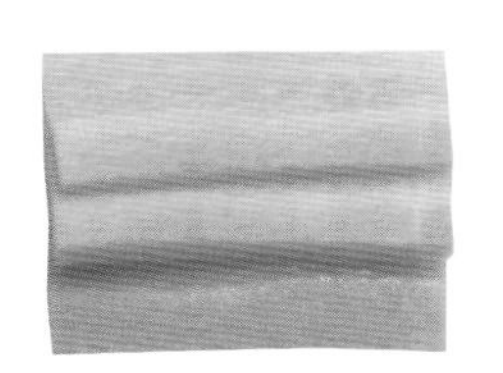

切长条

把蔬菜切成长3~4cm、宽1cm的片状，然后从头开始切出1~2mm的薄片。

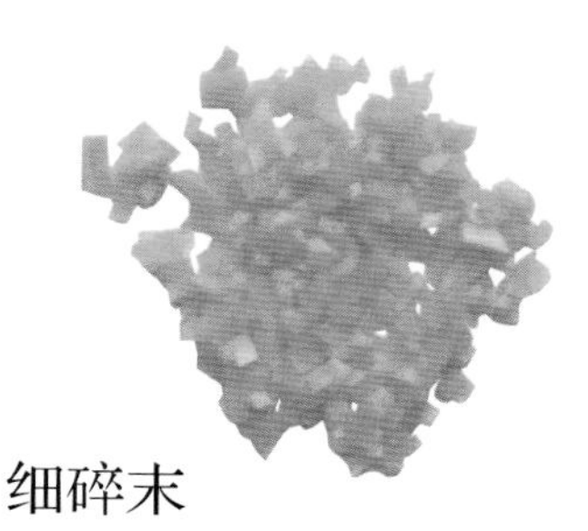

细碎末

把蔬菜切成细细的碎末。先切成细丝，然后再从头开始切成1~2mm的碎末。

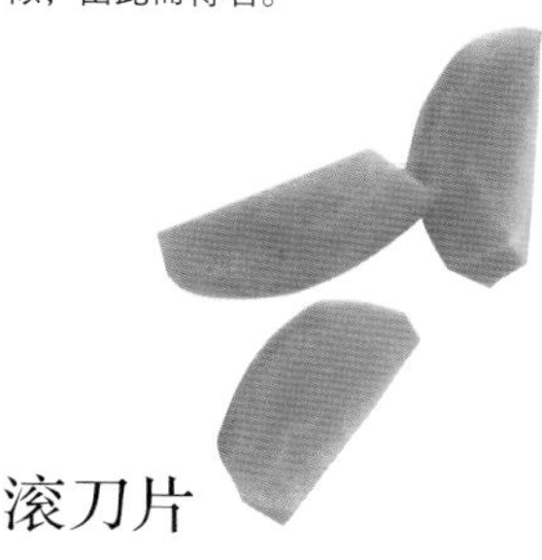

滚刀片

蔬菜横放，用刀斜着切一下，然后顺手把蔬菜稍微转一下，沿着斜方向切。这样横切面会大一些，更加容易入味。

粗碎末

比细碎末稍微大一点，为3~4mm的长方形。

切小截

大葱等细长型蔬菜可以从一头开始切成小截。

其他切法专业用语

厚切片

从食材的一端开始切成厚片的切法。与其说是原始的烹饪用语，不如说是与薄切片相对的专业用语。厚度可以根据用途进行适当调整。

薄切片

从食材的一端开始切成薄片的切法。厚度可以根据需要适当调整。和薄片的意思相同。

削片

把刀相对于食材斜方向放置，用刀削的切法。这样切食材的横断面会相对大一些。

斜切

用刀把食材沿斜方向切的方法。比普通切法切出来的食材的横断面会大一些。厚度可以根据需要进行适当的调整。

一口大小

切成大小刚好适合张开嘴可以完全吃进去的块，大约为3~4cm。

大块

肉类以及鱼类等形状不规则的食材可以切成适当的大小。将食材随意的切成较大的块状，因此可以称之为大块。

大宫主厨派
基本食材的活用方法大全

西餐中调制美味必不可少的调味料有6种。虽然非常简单，但是作用却非常大。大宫主厨将为您介绍这些调味品的使用方法。

黄油

在西餐中，黄油所发挥的调味料的作用远远大于其作为油的作用，黄油可以给料理增添浓郁的香味和美味。当开始给食材加热的时候，先把色拉油和黄油按1：1的比例混合加入，当关火停止加热时，再把黄油的量加足，这样可以使料理的味道更佳。

料理可以分为有盐和无盐两种，黄油一般可以使用在无盐的料理中。如果是烹制已经用咸味黄油事先调过味的食材，或想要增加食材的美味程度，再使用黄油会增加食材的咸味。此外，还有发酵黄油，这是用乳酸菌把黄油发酵之后制成的黄油，这种发酵黄油可以赋予食物特殊的酸味，让料理更加美味可口。大宫主厨一般用的卡露辟斯黄油，入口易化，非常爽口，而且不会妨碍料理原本的味道。

因为黄油的种类非常多，所以可以根据个人喜好挑选。大宫主厨一般用到的是如图所示的卡露辟斯黄油。

左/在做帕马森乳酪泥时添加一些奶酪，可以瞬间提升其风味。
下/手撕奶酪可以用在混有格鲁耶尔奶酪的食材里。

奶酪

奶酪有不同的类型和种类，大宫主厨主要使用的是以下两种：

一种是瑞士的格鲁耶尔奶酪。这种奶酪带有熟成的美味和浓郁香味，其特点是加热时会化成黏糊的稀稠状。切成细末状的手撕奶酪可以用来做奶汁烤干酪焗菜，也可以用来妆点鱼贝鸡米饭。奶酪所特有的味道可以广泛运用在料理中。非常畅销的手撕奶酪一般是由三种或三种以上的奶酪混合制成，建议选择含有格鲁耶尔奶酪的一类。烹调法中一般会用到“手撕奶酪”这一词语。

另外一种是意大利的帕玛森奶酪。这种奶酪纹理非常细腻，比较坚硬，一般会把其磨成粉末来使用。熟的奶酪香味特别浓，而且会有一股上乘的美味。奶酪可以和面包粉混合在一起做成面衣，也可以用来装饰意大利面。大宫主厨使用的不是普通奶酪而是上乘奶酪。

牛奶

在西餐中，牛奶可以用在白色沙司中，也可以用在奶汁烤干酪烙菜以及鱼贝鸡米饭等各种料理中。牛奶的种类繁多，如果您不知道该选择哪一种牛奶，建议选择外包装上面标有“牛奶”字样的产品，而不是那些加工牛奶或者乳类饮料。大宫主厨一般用到的是低温杀菌牛奶，与超高温杀菌奶相比，口感会更好，而且甜味更大一些，比较接近生牛奶的味道。

鲜奶油

鲜奶油可以让料理更加温和、有厚重感。乳脂肪含量会根据产品的不同而有所不同，一般低脂产品的含量在35%~38%，稍微浓一点的在45%左右。低脂鲜奶油比较清爽，可以把料理做得比较轻便简单一些，浓的鲜奶油可以增加料理的浓厚感，并且更加突出食材的美味。烹饪法中一般用到的是乳脂肪含量在45%左右的鲜奶油。虽然可以按照个人喜好进行添加，但如果添加了较多的低脂奶油，可以适当减少牛奶等材料的量，以控制水份的含量。

乳脂肪含量一般会在外包装上标明，购买时可以自行确认。

食用盐的重量换算表

1大勺–15~18g
1小勺–5~6g
1小撮–1~2g（3根手指抓取的量）
少量–大约0.5g（2个手指抓取的量）

食用盐

食用盐是简便西餐中决定口味的重要调味料。一般是在烹制的过程中，一边品尝一边调整用盐量。

如今我们可以买到各种不同的天然食用盐，很多家庭中也会把不同的盐分类来使用。如果是用来提前腌制调味或烹制过程中调味，一定要用比较细的食用盐，可以更灵活地把握用量。如果是最后的润色或提一下食材的鲜味，可以选择使用粗盐或盐片。如果食用盐已经受潮，一定要放在平底锅中加热一下，让其干燥。

根据食用盐的种类不同，重量也会出现差异，所以可以提前测量好自己平时用盐的重量，以防用盐不当。

胡椒

即使是少量的胡椒，也可以改变食材的味道。可以在事前腌制调味时使用，也可以在起锅润色时使用。

种类主要有香味较浓的黑胡椒和比较辛辣的白胡椒这两种，每种又可以分为粉状和粗粒状两种。大宫主厨的使用标准是：猪肉、鸡肉、嫩牛肉等白肉类使用白胡椒；牛肉、鸭肉、羊肉等红肉类使用黑胡椒。一般事前腌制调味以及和食材混合搅拌时使用胡椒粉，如果是想要重点装饰或追求足够的口感，可以使用粗胡椒粒。

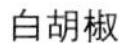

白胡椒

黑胡椒

常备的三种便利厨具

想要烹制出美味佳肴，厨房用具非常重要，但是也没有必要准备过多的厨具。在此介绍的三种厨具是大宫主厨推荐的西餐必备。

长柄平底煎锅指的是铁质厚平底锅，是大宫主厨所必备的厨具之一。“此锅可以把普通的肉煎制出最佳的口味！”长柄平底煎锅的特点是蓄热性非常高，当肉被放进锅里的时候，温度不会下降，可以用高温迅速把肉的表面煎硬。此外，当关火后焖肉时，可以利用其保温性来慢慢焖制并保持余温，不用担心肉会变凉。因为锅是用铁打制的，如果锅内潮湿或有水会生锈，所以不用时应尽量保持锅内干燥。

首次使用时注意：①一定用水和刷帚仔细清洗锅表面的防锈涂层。注意不要使用容易刮伤表面的金属刷帚和含有研磨剂的洗涤剂。②当锅晾干之后，用厨房用纸或布等在锅内涂一层食用油。③先用小火，然后逐渐变到中火烧5分钟，再让其自然冷却。

使用后注意：①当锅冷却下来之后，用刷帚和温水清洗干净，注意不要使用洗涤剂。②放在小火上将锅内水分烤干，注意温度不宜过高。③在锅还有余温的时候，在锅内擦一层食用油，然后放置冷却即可。

长柄平底煎锅

让肉类更加美味的魔法平底锅

需要火力较大的厚猪肉饼也可以用余温来继续烹制，因为会一直持续加热，所以煎出来的猪肉会非常松软可口。

迷你型的长柄平底煎锅可以做一人份的火腿煎蛋，煎好的蛋可以直接连锅一起端上餐桌，因为其蓄热性较好，煎蛋不容易变凉。

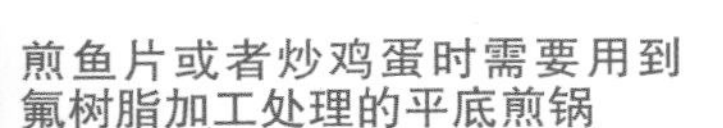

煎鱼片或者炒鸡蛋时需要用到氟树脂加工处理的平底煎锅

通常特氟隆™加工的平底煎锅一般比较薄，所以使用起来非常方便。可以灵活翻动平底煎锅，这样最适合做炒鸡蛋或煎制鱼片。同样也非常适用于做炒鸡肉饭和蛋包饭以及炒洋葱等。

厚锅

锅盖的重量是食材美味的秘诀

厚锅和长柄平底煎锅一样，受热比较均匀、温和。适用于烹制不容易烤焦的食物，也适用于制作焖煮类食物。在做焖煮类食物的时候要把锅盖盖上，因为锅盖和锅的材质是一样的，所以会比较重一些，这样压力会大一些，蒸汽不容易溢出，并且会在锅中循环，可以使美味完全浸透食物。

锅盖的重量会把蒸汽压住，让其不易散发出来，使肉类以及蔬菜中散发出来的水蒸气所带出来的美味在锅中循环，肉的美味会浸透到蔬菜中，蔬菜的鲜味也会进到肉中，如此做出来的料理会更加鲜香味美。

因为锅的受热非常均匀，所以西红柿不会被烤焦，可以煮出美味的番茄沙司。

多功能搅拌机

每天的烹饪中都会用到的万能厨具

如果有一台多功能搅拌机，只要更换刀片即可实现雕刻、搅拌、打泡等各种用途，可以直接在锅里把焯好的蔬菜打碎，也可以混合搅拌沙司等，还可以把空气搅拌到食材当中，起到打泡的作用。用搅拌机打出来的泡和用手打出来的泡有很大差别。多功能搅拌机的体型比较小，也就不用担心储藏问题，可以随便放置在一旁。因为只需要清洗机器前面的刀片，所以用后的收拾工作也很简单。

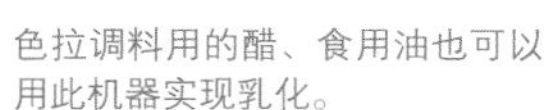

色拉调料用的醋、食用油也可以用此机器实现乳化。

因为机器可以直接放在锅里使用，所以煮好的土豆可以直接在锅里被打成土豆泥。

蛋清的黏性比较小，只需要稍稍打几圈就可以让蛋清混合均匀。

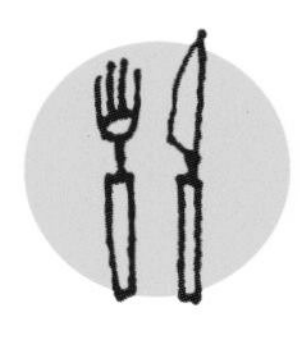

香草与香料图鉴

食物香味的点睛之笔在于香草和香料。
以下介绍的是在烹饪中经常会用到的一些调味料种类。

香草

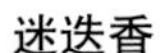

迷迭香

带有些许的青草味和甘甜香气，可以用来去除肉类和鱼类的腥味。和土豆是绝佳搭配。当枝茎木质化后会略带苦味，使用时一定要把茎去掉。注意不要大量使用，也不要过度加热。

百里香

略有甜味，气味清爽。用在肉类和鱼类的菜品中可以去腥并提鲜。如果仅需要用叶子，可以用手抓住茎后往下捋，叶子很容易取下来。

牛至

香气非常清爽，略苦。和西红柿搭配非常完美，频繁使用在含有西红柿的料理中。可以把新鲜牛至切成小块，然后作为装饰加在料理中。因为新鲜牛至不耐热，所以做焖煮类的菜品时需要用干牛至。

香叶

是咖喱饭类以及煨菜类等焖煮菜品中使用非常广泛的一种香草。有很浓的甘甜香气，而且香味特别容易散发出来，只需少量即可起到很好的调味作用，注意不要过量使用。

罗勒

和紫苏相似，带有清凉感和甘甜芳香。如果叶柄的地方发黑，说明已经比较陈旧了。如果罗勒还非常鲜湿的时候就进行保存会变黑，可以把罗勒放在纸箱里面，然后用裹紧的厨房布盖起来放在冰箱中保存。

细香葱

葱的一种。非常纤细，味道比较温和。切成细末之后，可以点缀在土豆冷制奶油汤上，也可以洒在煮制的土豆上还可以混在煎蛋卷上，和麦葱的用法相同。如果没有，可以用麦葱代替。

调味料

杜松子

杜松的果实非常清爽，略带甜味，芳香宜人。可以用在腌制肉类和焖煮类菜品种，可以让料理更加入味。常温下保存时，形状和香味均不会发生变化，可以收集在一起备用。

咖喱粉

香菜、孜然、姜黄、豆蔻等20~30种调味料混合在一起的咖喱粉香料，使用起来非常方便。大宫主厨一般常用的是新德里餐厅的“suwatika咖喱”。

洋葱粉

把生洋葱干燥处理后磨成的粉末。刺激性和香味非常大。经常会用在咖喱饭、汤品、炸鸡中，用来提升菜品的美味度。

姜粉

把生姜进行干燥处理之后磨成粉末。和生姜相比味道稍差一些。可以随意地混合在香料中使用，也可以在事前腌制肉类时适当加入。

孜然

香味和咖喱类似，略带苦味和辣味。孜然属于双子叶植物纲，种子和粉类两种均可作为香料使用。如果是种子，需要事先用食用油煸出香味，不要炒胡，以备使用。

大蒜粉

把大蒜干燥处理后磨成的粉末。和生大蒜相比味道稍微淡一些，可以在事先腌制肉类时使用，也可以用于装饰以及添加在咖喱粉上，使用比较随意。

肉豆蔻

肉豆蔻的果实种子仁，种子外面的花边状种皮是肉豆蔻衣。肉豆蔻种子仁和肉豆蔻衣均有非常独特的香甜气味，可以用在肉泥类料理以及鱼类料理中去腥，也可以和锡兰肉桂混在一起使用。

丁香

把成熟丁香长出来的花蕾进行干燥处理后的干丁香具有非常独特的香味，咀嚼起来会有一种刺激的苦味和辣味。做煨菜时可以用来给洋葱以及肉类调味。丁香粉可以和其他香料一起混合使用。

混合香辣调味料

印度料理中所必不可少的混合香辣调味料，因其用在咖喱饭的润色上而被人所熟知。虽然会给人辛辣的感觉，但却是一道不错的提香调味香料。

辣椒粉

原产地为中南美洲的茄科辣椒，略带辣味，将其干燥处理后磨成粉末。带有甜酸口味和少许的苦味。用食用油煸炒之后，鲜味度可以提升，有时也用于食物的着色。

香菜籽

香叶子称为香菜，其特殊的气味，让很多人着迷，也让很多人敬而远之。香菜籽（颗粒状）略带香甜气味。一般会在咖喱粉或者勾芡中添加香菜籽（粉状）。

豆蔻

味道有一丝清凉感，略带刺鼻的香味。被称为“香味之王”，是咖喱饭中主要的调味香料之一。广泛运用在沙司、沙拉调味料、肉类以及鱼类料理中。

图书在版编目（CIP）数据

自制美味西餐88款 / (日) 大宫胜雄著 ; 高青译
. -- 北京 : 中国民族摄影艺术出版社, 2014.10
ISBN 978-7-5122-0623-6

Ⅰ. ①自… Ⅱ. ①大… ②高… Ⅲ. ①西式菜肴 – 菜谱 Ⅳ. ①TS972.188

中国版本图书馆CIP数据核字(2014)第229026号

TITLE: [本当においしく作れる 洋食]
BY: [大宮 勝雄]

策划制作： 北京书锦缘咨询有限公司（www.booklink.com.cn）
总 策 划： 陈 庆
策　　划： 李 伟
设计制作： 柯秀翠

书　名：自制美味西餐88款
作　者：［日］大宫胜雄
译　者：高　青
责　编：张　宇
出　版：中国民族摄影艺术出版社
地　址：北京东城区和平里北街14号（100013）
发　行：010-64211754 84250639 64906396
网　址：http://www.chinamzsy.com
印　刷：北京利丰雅高长城印刷有限公司
开　本：1/16 170mm × 240mm
印　张：11
字　数：66千字
版　次：2015年3月第1版第1次印刷
ISBN 978-7-5122-0623-6
定　价：42.80元